FREIBERGER FORSCHUNGSHEFTE
Herausgegeben vom Rektor der Bergakademie Freiberg

A 831   Grundstoff-Verfahrenstechnik

Ausgewählte Probleme des Impuls- und Wärmetransports in der Verfahrenstechnik

Redaktionelle Leitung:
Dr.-Ing. habil. Gert Grabbert, Freiberg

Mit 43 Abbildungen und 6 Tabellen
sowie englischen Beitragszusammenfassungen

Deutscher Verlag für Grundstoffindustrie
Leipzig · Stuttgart

Herausgeber: Der Rektor der Bergakademie Freiberg, Akademiestraße 6, D-09599 Freiberg
Verlag: Deutscher Verlag für Grundstoffindustrie GmbH, Karl-Heine-Straße 27b, D-04229 Leipzig
Manuskriptannahme: Bergakademie Freiberg, Redaktion Freiberger Forschungshefte, Akademiestraße 6, D-09599 Freiberg

Bestellungen aus dem In- und Ausland sind an den Buchhandel oder den Verlag zu richten.

Autoren
Berger, Bernd, Prof. Dr.-Ing.,
Hochschule für Technik und Wirtschaft Zittau/Görlitz (FH)
Grabbert, Gert, Dr.-Ing. habil., Bergakademie Freiberg
Hüttl, Michael, Dipl.-Ing., Bergakademie Freiberg
Kohler, Wolfgang, Prof. Dr.-Ing., Bergakademie Freiberg

Die Deutsche Bibliothek – CIP-Einheitsaufnahme

Ausgewählte Probleme des Impuls- und Wärmetransports in der Verfahrenstechnik : mit 6 Tabellen sowie englischen Beitragszusammenfassungen / [Hrsg.: Der Rektor der Bergakademie Freiberg]. Red. Leitung: Gert Grabbert. [Autoren Berger, Bernd . . .]. – 1. Aufl. – Leipzig ; Stuttgart : Dt. Verl. für Grundstoffindustrie, 1993
  (Freiberger Forschungshefte : A ; 831 : Grundstoff-Verfahrenstechnik)
  ISBN 3-342-00581-5
NE: Grabbert, Gert [Red.]; Freiberger Forschungshefte / A

Das Werk, einschließlich aller seiner Teile, ist urheberrechtlich geschützt. Jede Verwertung ist ohne die Zustimmung des Verlages außerhalb der engen Grenzen des Urheberrechtsgesetzes unzulässig und strafbar. Das gilt insbesondere für Vervielfältigungen, Übersetzungen, Mikroverfilmungen und die Einspeicherung und Verarbeitung in elektronischen Systemen.

1. Auflage
© Deutscher Verlag für Grundstoffindustrie GmbH, Leipzig · Stuttgart 1993
Druck: Druckhaus „Thomas Müntzer" GmbH, Bad Langensalza
ISSN 0071-9390
Printed in Germany

Annotation

Ausgewählte Probleme des Impuls- und Wärmetransports in der Verfahrenstechnik - Freiberger Forschungsheft A 831 - Leipzig/Stuttgart: Deutscher Verlag für Grundstoffindustrie GmbH 1993

Die drei Beiträge widmen sich in besonderem Maße der Modellierung verfahrenstechnischer Grundoperationen: der Rieselfilmströmung, der Ungleichverteilung der flüssigen Phase in geordneten Kolonnenpackungen und dem Sieden dispergierter Kältemittel.

104 S., 43 Abb., 6 Tab., 88 Lit.

Annotation

Selected problems of momentum and heat transfer in chemical engineering processes - Freiberger Forschungsheft A 831- Leipzig/Stuttgart: Deutscher Verlag für Grundstoffindustrie GmbH 1993

The three contributions in this publication are especially occupied with the modelling of basic operations of chemical engineering: liquid film flow, maldistribution of the liquid phase in regular column packings and boiling of dispersed refrigerants.

104 p., 43 fig., 6 tab., 88 ref.

Inhaltsverzeichnis

Seite

MICHAEL HÜTTL, GERT GRABBERT

Modellvorstellungen zum Impulstransport in Rieselfilmen   6

1.	Einleitung	6
2.	Grundlagen der Modellierung	6
	2.1. Allgemeine Einführung	6
	2.2. Hydrodynamik	7
	2.3. Vergleich des Modells mit Meßwerten	12
3.	Der weitere Ausbau des Modells	14
	3.1. Der Einfluß des Wertes b^+ auf das vorgestellte Modell	14
	3.2. Die Berücksichtigung der Schubspannung an der Phasengrenze	18
4.	Stoff- und Wärmetransport	23
Literaturverzeichnis		26

BERND BERGER

Modell zum Erfassen der Wirkung von Flüssigkeitsverteilungen in Stoffaustauschpackungen   28

1.	Einführung in die Gesamtproblematik	28
2.	Modellierung der Flüssigkeitsverteilung	32
	2.1. Problemstellung zum Modell	32
	2.2. Modellierung für verschiedene Anfangsverteilungen	34
	2.3. Berechnungsergebnisse	36
3.	Stoffaustauschmodellierung	46
4.	Schlußfolgerungen	48
Literaturverzeichnis		50

WOLFGANG KOHLER

Zum Sieden dispergierter Kältemittel — 51

1. Einleitung und Zielstellung — 51
2. Phasenneubildung — 53
   - 2.1. Homogene und heterogene Keimbildung — 53
   - 2.2. Die Rolle der Koagulation von Dampfblasen und Flüssigkeitströpfchen des Kältemittels — 56
   - 2.3. Blasenverdampfung — 59
3. Experimente und deren Auswertung — 66
   - 3.1. Wärmeübertragung beim Sieden — 66
     - 3.1.1. Versuchsaufbau — 66
     - 3.1.2. Versuchsdurchführung — 67
     - 3.1.3. Auswertung — 68
     - 3.1.4. Vergleiche mit analogen Ergebnissen — 81
   - 3.2. Kältemittelrückgewinnung — 82
     - 3.2.1. Versuche zur Bestimmung der Kältemittelrestmengen — 82
     - 3.2.2. Auswertung und Vergleich mit dem Erkenntnisstand — 83
4. Schlußfolgerungen für den technischen Prozeß — 85
   - 4.1. Dimensionierung des Verdampferapparates — 85
   - 4.2. Rückgewinnung des Kältemittels — 89
   - 4.3. Offene Probleme und weiterführende Arbeiten — 90
5. Zusammenfassung — 91

Literaturverzeichnis — 98

Modellvorstellungen zum Impulstransport in Rieselfilmen

von Michael Hüttl und Gert Grabbert, Freiberg

1. Einleitung

Für den in der Grundlagenforschung tätigen Verfahrenstechniker ist es immer wieder reizvoll, sich mit der Modellierung verfahrenstechnischer Mikroprozesse zu befassen. Unter einem Mikroprozeß soll dabei ein physikalischer oder chemischer Prozeß verstanden werden, der sich an einem sehr kleinen, aber dennoch wohldefinierten Substanzgebiet abspielt.

Derartige Substanzgebiete können je nach Aggregatzustand Körner, Tropfen, Blasen, Strahlen oder Filme sein. Eine große technische Bedeutung hat die Dispergierung einer Flüssigkeit in dünne Filme, da hier sehr große Phasengrenzflächen erzeugt werden können. Diese Rieselfilme können in mannigfaltiger Form auftreten: eben oder gekrümmt, mit kurzen Lauflängen in Packungs- oder Füllkörperkolonnen, mit großen Lauflängen in senkrechten Kondensator- oder Verdampferrohren. Hinsichtlich des Strömungsregimes sind laminare und turbulente Strömung zu beachten, der Transport kann von der Wand ins Filminnere oder von der Filmoberfläche in den Rieselfilm hinein gerichtet sein.

In dieser Arbeit soll sich hauptsächlich auf Effekte der Hydrodynamik von Rieselfilmen konzentriert werden.

Da sich eine weiterführende Betrachtung zum Stoff- und Wärmeübergang anbietet, wird am Schluß der Arbeit dazu eine Vorausschau gegeben, ohne jedoch näher darauf einzugehen. Dies muß späteren Arbeiten vorbehalten bleiben.

2. Grundlagen der Modellierung
2.1. Allgemeine Einführung

Die Betrachtung des Rieselfilmes erfolgt mit einem Koordinatensystem nach Abb. 1:

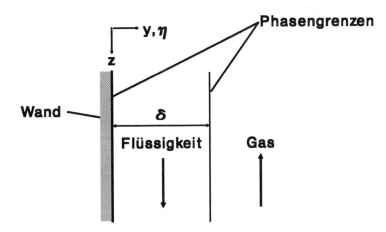

Bild 1. Koordinatensystem - ebener Rieselfilm

Der Flüssigkeitsfilm hat eine mittlere Filmdicke δ. Im Bild ist die technisch vorherrschende Strömungsführung dargestellt - Gegenstrom, die Flüssigkeit strömt aufgrund der Schwerkraft von oben nach unten. Es ist aber auch Gleichstrom abwärts und sogar aufwärts denkbar, wie in Abschnitt 2.2 diskutiert wird.

Grundlage der Modellierung ist eine halbempirische Turbulenztheorie unter Verwendung des Mischungswegansatzes nach Prandtl [11]. Das ist nach Aussagen von Jischa [7] und Szablewski [15] nach dem derzeitigen Erkenntnisstand für ingenieurmäßige Berechnungen des Impuls-, Stoff- und Wärmetransports die einzig brauchbare Möglichkeit.

2.2. Hydrodynamik

Bei der Modellierung wird vom Erreichen des stationären Strömungszustandes ausgegangen, die Geschwindigkeit ist nur eine Funktion der Querkoordinate y bzw. $\eta = y/\delta$. Dies bedeutet, daß der Einfluß der Ausbildung der Strömung am Eintritt des Rieselfilmapparates vernachlässigt wird. Für hinreichend lange Rieselfilmstrecken ist dies der Fall. Darüber hinaus werden zunächst folgende Annahmen getroffen:

(1) isothermer Zustand während des Prozesses
(2) keine Krümmung des Rieselfilmes
(3) keine Schubspannung an der Phasengrenze
(4) der Effekt der Welligkeit der Filmoberfläche wird vernachlässigt

Während die Vereinfachungen (1) und (4) weiter beibehalten werden, sollen in dieser Arbeit Gedanken zu einer Berücksichtigung der Schubspannung an der Phasengrenze zwischen Gas- und Flüssigkeitsströmung (Annahme (3)) vorgestellt werden.
Zu Punkt (2) findet man Betrachtungen bei Grabbert [5]. Da die Auswirkungen der Krümmung auf die Transportprozesse minimal sind, wird der Einfachheit halber auf eine Berücksichtigung verzichtet. Vorschläge zur Einbeziehung der Krümmung von Rieselfilmen findet man in der angegebenen Literatur.

Unter den oben getroffenen Annahmen gilt für ein infinitesimales Volumenelement des Rieselfilmes:

$$\nu \cdot \rho \cdot \frac{d^2 w}{dy^2} = -\rho \cdot g \cdot \tag{1}$$

Mit der Beschränkung auf Newtonsche Flüssigkeiten kann man Gleichung (2) vereinfachen. Durch Einsetzen der Gleichung des Newtonschen Schubspannungsansatzes:

$$\tau = \nu \cdot \rho \cdot \frac{dw}{dy} = \frac{\nu \cdot \rho}{\delta} \cdot \frac{dw}{d\eta} \tag{2}$$

erhält man:

$$\frac{d\tau}{dy} = -\rho \cdot g \quad \text{bzw.} \quad \frac{d\tau}{d\eta} = -\rho \cdot g \cdot \delta \cdot \tag{3}$$

Mit den Randbedingungen $\eta = 0$ (Wand) ; $\tau = \tau_W$
$\eta = 1$ (Filmoberfläche) ; $\tau = 0$

ist die Gleichung (3) analytisch lösbar und man erhält den Schubspannungsverlauf über dem Filmquerschnitt:

$$\tau = \rho \cdot g \cdot \delta \cdot (1 - \eta) = \tau_W \cdot (1 - \eta) \, . \tag{4}$$

Mit Hilfe des Schubspannungsansatzes erhält man aus Gl. (3) das Geschwindigkeitsprofil des Rieselfilmes:

$$w(\eta) = \frac{g \cdot \delta^2}{2 \cdot \nu} \cdot \left[1 - (1 - \eta)^2 \right] \cdot \tag{5}$$

Die bisherigen Herleitungen sind jedoch nur für laminare Strömungen anwendbar. Um diese Modellierung auch auf das turbulente Gebiet auszudehnen, wird, einem Vorschlag von Boussinesq [1] folgend, eine turbulente "kinematische Viskosität" eingeführt:

$$v_{\mathit{eff}} = v_{mol} + v_{turb} = v + v_{turb} \; . \tag{6}$$

In dieser Arbeit wird unter v die Stoffgröße "kinematische Viskosität" verstanden. Zur Hervorhebung gegenüber der Turbulenzviskosität erhält diese Größe in Gleichung (6) den Index 'mol'. Mit v_{turb} wird eine unbekannte Größe eingeführt, in der alle durch die Turbulenzen hervorgerufenen Einflüsse auf die Hydrodynamik enthalten sein sollen. Daraus ergeben sich für v_{turb} verschiedene Forderungen. Bei laminarer Strömung muß gelten:

$$Re \to 0: \qquad v_{turb} \approx 0 \quad bzw. \quad v_{\mathit{eff}} = v \; .$$

Andererseits muß mit steigender Re-Zahl im turbulenten Bereich ein starker Anstieg von v_{turb} verzeichnet werden, so daß zunehmend die Wirkung von v überdeckt wird. Bei großen Reynolds-Zahlen kann man v vernachlässigen:

$$Re \to \infty: \qquad v \ll v_{turb} \quad bzw. \quad v_{\mathit{eff}} = v_{turb} \; .$$

Um den Einfluß der Turbulenz zu berücksichtigen, muß die bisherige Modellierung mit dem Austausch von v durch v_{eff} wiederholt werden.
Durch Einsetzen von (6) in Gleichung (2) erhält man:

$$\tau = (v + v_{turb}) \cdot \rho \cdot \frac{dw}{dy} \; , \tag{7}$$

wobei für v_{turb} folgender Zusammenhang angenommen wird:

$$v_{turb} = l^2 \cdot \frac{dw}{dy} \; . \tag{8}$$

Dabei wird l als Mischungsweg bezeichnet und ist auf Arbeiten von Prandtl [11] zurückzuführen. Diese Größe ist letztendlich zu modellieren.
Die Einführung des Ansatzes nach Gleichung (8) für die Turbulenzviskosität in den Schubspannungsansatz nach Gl. (7) führt zu einer quadratischen Gleichung für dw/dy.

Deren Lösung lautet:

$$\frac{dw}{dy} = \frac{\nu}{2 \cdot l^2} \cdot \left[\sqrt{1+\left(\frac{2 \cdot l}{\nu}\right)^2 \cdot (\tau/\rho)} - 1 \right] \cdot \quad (9)$$

Wenn Gl. (9) in (8) eingesetzt wird, folgt für die Turbulenzviskosität:

$$\nu_{turb} = \frac{\nu}{2} \cdot \left[\sqrt{1+\left(\frac{2 \cdot l}{\nu}\right)^2 \cdot (\tau/\rho)} - 1 \right] \cdot \quad (10)$$

Die Durchführung von Modellrechnungen setzt also die Kenntnis des Schubspannungsverlaufes und einen geeigneten Ansatz für den Mischungsweg voraus.

Während der Schubspannungsverlauf im ebenen Rieselfilm durch Gl. (4) gegeben ist, wird der normierte Mischungsweg l/δ durch die multiplikative Verknüpfung von 3 Termen mit unterschiedlicher Wirkung modelliert:

$$\frac{l}{\delta} = a \cdot \eta \cdot [1-\exp(-\delta^+ \cdot \eta \cdot \sqrt{1-\eta}/b^+)] \cdot e^{-\eta/m} \quad (11)$$

$$\underbrace{}_{\text{I}} \quad \underbrace{}_{\text{II}} \quad \underbrace{}_{\text{III}}$$

Zu dem ursprünglich von Prandtl [11] eingeführten Term I wurde der insbesondere in Wandnähe turbulenzdämpfende Term II von van Driest [16] hinzugefügt. Schließlich hat sich die Verallgemeinerung des van Driestschen Ansatzes und die Hinzufügung eines weiteren Dämpfungstermes durch Szablewski [13], [14] für die Rohr- und Kanalströmung allgemein bewährt. Dabei bewirkt der Ausdruck III eine Turbulenzdämpfung vor allem bei größeren Wandabständen.

Die dimensionslosen Parameter a, b^+ und m werden zunächst als konstant angenommen und besitzen folgende Werte:

$a = 0.4 \quad\quad b^+ = 26 \quad\quad m = 0.6$.

Desweiteren berechnet sich die Größe δ^+ ähnlich einer Re-Zahl, anstelle der mittleren Strömungsgeschwindigkeit $\bar{w}$ ist lediglich die Schubspannungsgeschwindigkeit w_τ einzusetzen:

$$\delta^+ = \frac{w_\tau \cdot \delta}{\nu} \quad . \tag{12}$$

Die Schubspannungsgeschwindigkeit w_τ berechnet sich nach:

$$w_\tau = (\tau_W/\rho)^{1/2} \quad . \tag{13}$$

τ_w ergibt sich aus Gleichung (4) zu:

$$\tau_W = \rho \cdot g \cdot \delta \quad . \tag{14}$$

Mit dem Modellansatz nach Gl. (11) ist das Geschwindigkeitsprofil nicht mehr analytisch berechenbar. Man erhält dafür folgenden Ausdruck:

$$w(\eta) = \frac{2 \cdot (\delta^+)^2 \cdot \nu}{\delta} \cdot \int_0^\eta \frac{1-\eta}{f(\eta)-1} d\eta \quad . \tag{15}$$

Die Funktion $f(\eta)$ hat folgendes Aussehen:

$$\begin{aligned} f(\eta) &= \sqrt{1+(2l/\nu)^2(\tau/\rho)} \\ &= \sqrt{1+(2a\delta^+\eta\sqrt{1-\eta})^2 \cdot (1-\exp(-\delta^+\eta\sqrt{1-\eta}/b^+))^2 \cdot \exp(-\eta/m)^2} \end{aligned} \tag{16}$$

Sie wurde der besseren Übersichtlichkeit halber in (15) eingeführt.
Mit dieser Abkürzung folgt für die Turbulenzviskosität nach Gl. (10):

$$\nu_{turb} = \frac{\nu}{2} \cdot [f(\eta)-1] \quad . \tag{17}$$

Zur graphischen Darstellung berechneter Werte und zum Vergleich mit verschiedenen Literaturgleichungen, die auf einer Vielzahl von Meßergebnissen basieren, erfolgt die Berechnung der jeweiligen Re-Zahl nach:

$$Re = \frac{\overline{w} \cdot \delta}{\nu} \quad . \tag{18}$$

Alle im Text genannten Re-Zahlen beziehen sich auf diese Berechnungsvorschrift. Dabei steht die Filmdicke δ für die charakteristische Längenabmessung eines Rieselfilmes.

2.3. Vergleich des Modells mit Meßwerten

In der Literatur gibt es eine Vielzahl von Gleichungen zur Beschreibung des Zusammenhanges zwischen der Filmdicke δ und der Re-Zahl bei Rieselfilmen. Bei der Formulierung dieser Abhängigkeiten wird meistens von einer kritischen Reynolds-Zahl $Re_{krit}=400$ ausgegangen, alle nachfolgend aufgeführten Gleichungen setzen dies voraus.
Im laminaren Bereich wird im allgemeinen die analytisch hergeleitete Gleichung nach Nußelt [10] verwendet

$$\delta = \left(\frac{3 \cdot v^2}{g}\right)^{1/3} \cdot Re^{1/3} \tag{19}$$

Für den turbulenten Bereich existiert eine Fülle empirischer Gleichungen, die aus verschiedenen Meßreihen gewonnen wurden. Als Beispiele werden 3 Gleichungen angeführt:
nach Feind [4]

$$\delta = 0{,}369 \cdot \left(\frac{3 \cdot v^2}{g}\right)^{1/3} \cdot Re^{1/2} \qquad 400 \leq Re \leq 2400 \tag{20}$$

nach Brauer [2]

$$\delta = 0{,}302 \cdot \left(\frac{3 \cdot v^2}{g}\right)^{1/3} \cdot Re^{8/15} \qquad 400 \leq Re \leq 1700 \tag{21}$$

nach Zhivaikin [18]

$$\delta = 0{,}220 \cdot \left(\frac{3 \cdot v^2}{g}\right)^{1/3} \cdot Re^{7/12} \qquad 400 \leq Re \leq 5000 \tag{22}$$

Diese Zusammenhänge sind in Abb. 2 dargestellt.
Die Geraden für den turbulenten Bereich schließen bei $Re=Re_{krit}=400$ an die Nußelt-Gleichung an, weisen dann jedoch unterschiedlich steile Anstiege auf, wie es auch aus den Gleichungen hervorgeht. Die Gleichungen nach Feind und Zhivaikin stellen Begrenzungen nach unten bzw. oben dar, die, wie entsprechende Filmdickenmessungen zeigen, nicht unter- bzw. überschritten werden sollten. Die Gleichung nach Brauer entspricht bei dieser Auswahl gewissermaßen einem Mittelwert. Im folgenden soll deswegen diese Gleichung als Vergleich für die eigenen Berechnungen gelten.
In Abb. 3 ist solch eine Gegenüberstellung vorgenommen worden und es zeigt sich eine

sehr gute Übereinstimmung der nach dem Modell mit Gl. (11) berechneten Werte mit den Gleichungen nach Nußelt für den laminaren Bereich und mit der Brauerschen Gleichung für den turbulenten Rieselfilm.

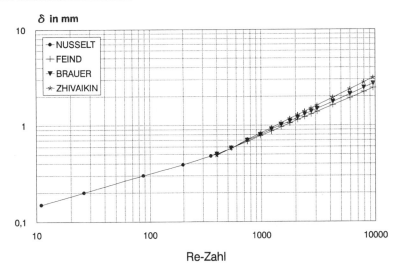

Bild 2. Darstellung verschiedener Ansätze für $\delta = f(Re)$

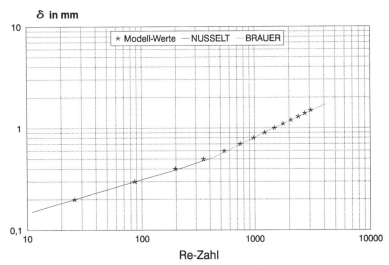

Bild 3. Vergleich der Modellberechnungen mit Literaturwerten

Diese Tatsache zeigt, daß es mit diesem Modell recht gut gelingt, reale Rieselfilme zu beschreiben, auch wenn man eine andere Gleichung für die turbulente Strömung als Vergleich heranzieht. Gleichzeitig muß daraus der Schluß gezogen werden, daß bei allen weiteren Veränderungen, die die Berechnung erfahren soll, Augenmerk darauf gelegt wird, daß die Hydrodynamik weitgehend unbeeinflußt bleibt.

3. Der weitere Ausbau des Modells

3.1. Der Einfluß des Wertes b^+ auf das vorgestellte Modell

In Fortführung von [5] soll hier der Einfluß der verschiedenen, in der Literatur vorgestellten Berechnungsmöglichkeiten von b^+ miteinander verglichen werden. Laut van Driest, der diese Größe erstmalig einführte, stellt b^+ den dimensionslosen Wandabstand (nach Berechnungsvorschrift für δ^+) dar, der den Beginn der vollturbulenten Filmschicht kennzeichnet. Vollturbulent bedeutet dabei, daß die turbulente Strömung nicht mehr durch das Vorhandensein der festen Wand beeinflußt wird.

Somit gilt ein Wert von $b^+=$konst. nur für $Re \Rightarrow \infty$, der Wert $b^+=$konst. wird deshalb in den weiteren Ausführungen als b_∞^+ bezeichnet.

In der Literatur wurden verschiedene Werte für $b_\infty^+ = $ konst. vorgeschlagen.

So findet man $b_\infty^+ = 25.1$ bei Limberg [8] bzw. Szablewski [13];

$b_\infty^+ = 26$ bei van Driest [16],

$b_\infty^+ = 30$ bei von Karman [17],

$b_\infty^+ = 50$ bei Naue [9],

und $b_\infty^+ = 70$ bei Brauer [3] und Schlichting [12].

Der Unterschied in den b_∞^+-Werten, die die Dicke einer Grenzschicht markieren, in der der laminare Anteil an der Gesamtviskosität ν_{eff} noch nicht vernachlässigbar ist, erscheint sehr groß. Er relativiert sich jedoch, wenn man bedenkt, daß das Verhältnis $70/25.1 \approx 2.79$ in der üblichen logarithmischen Darstellung auf $\lg 70 / \lg 25.1 \approx 1.32$ reduziert wird.

Die Darstellung von δ als Funktion der Re-Zahl für die verschiedenen b_∞^+-Werte zeigt, daß für die Rieselfilmströmung nur Werte bis etwa $b_\infty^+ \approx 30$ mit vorliegenden experimentell gesicherten Ergebnissen in Einklang zu bringen sind. Bei den Berechnungen mit den Werten 50 und 70 wird die Kurve von Feind unterschritten, die zum Vergleich eingetragen wurde.

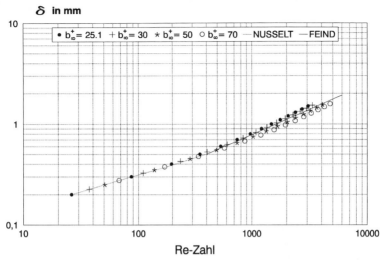

Bild 4. Darstellung von δ als Funktion von Re bei Variation von b_∞^+

Somit ist es für rein hydrodynamische Berechnungen sinnvoll, dem von van Driest [16] vorgeschlagenen Wert $b_\infty^+ = 26$ den Vorzug zu geben.

Da das Modell den Anspruch erhebt, die Strömungsverhältnisse sowohl im laminaren als auch im turbulenten Strömungsbereich richtig wiederzugeben, muß, was die Größe b^+ im van Driestschen Dämpfungsterm anbelangt, der Hinweis von Huffman und Bradshaw [6] beachtet werden. Sie stellten beim Vergleich von experimentell bestimmten mit berechneten Geschwindigkeitsverteilungen fest, daß die beste Übereinstimmung erzielt wird, wenn die 'Konstante' im van Driestschen Ansatz mit der Reynolds-Zahl variiert wird. Dabei nimmt sie mit abnehmender Re-Zahl (Annäherung an den laminaren Strömungszustand) größere Werte an.

Der Vorstellung, daß sich b^+ mit der Re-Zahl ändert kann man sich im Sinne einer physikalisch sinnvollen Interpretation anschließen. Die für die Rohrströmung durchgeführten Berechnungen von Huffman und Bradshaw [6] wurden für den Rieselfilm entsprechend modifiziert.

Bei Annäherung an den Umschlag zwischen laminarer und turbulenter Strömung $Re_{krit} = 400$ (gleichbedeutend mit dem Auftreten von Intermittenz) aus dem Bereich großer Turbulenz muß der Wandabstand der Grenze, die den Beginn der vollturbulenten Schicht markiert, größer und die Schicht, in der die molekulare Viskosität noch eine Rolle spielt, dicker werden, $b^+ > b_\infty^+$. Bei der Rieselfilmströmung muß man ferner berücksichtigen, daß diese Grenze, wenn sie ein realer und kein reiner Rechenwert sein soll, immer innerhalb des Existenzbereiches des Rieselfilmes liegen muß, $b^+ \leq \delta^+$.

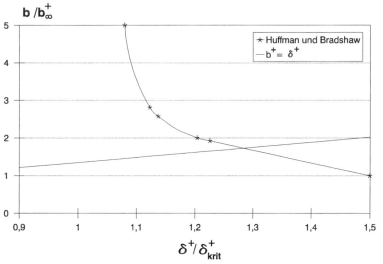

Bild 5. Verlauf von b^+ als Funktion von δ^+

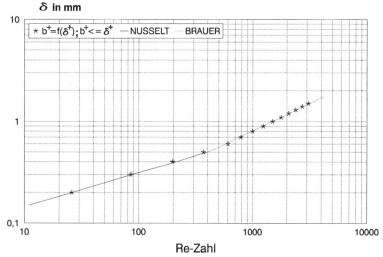

Bild 6 Darstellung von δ als Funktion von Re für $b^+ = f(\delta^+)$

Bild 5 zeigt den Verlauf von b^+ über δ^+ in normierter Darstellung. Eingetragen wurden sowohl die Kurve nach Huffman und Bradshaw, als auch die Gleichung $b^+ = \delta^+$. Mit dem Wert $Re_{krit} = 400$ ergibt sich für $\delta^+_{krit} \approx 35$.

In Bild 6 ist der Einfluß dieser Berechnungsvariante dargestellt. Auch hier sind die Auswirkungen auf die Hydrodynamik minimal.

Obwohl man aus Gründen der Interpretierbarkeit zur Berechnung von b^+ als Funktion der Filmdicke bzw. der Re-Zahl neigen könnte, ist es für hydrodynamische Berechnungen ausreichend, mit $b^+ = \text{konst.} = b_\infty^+ = 26$ zu rechnen, da die Auswirkungen derart gering sind.

Für den Stoff- bzw. Wärmetransport muß darüber neu entschieden werden, da sich Veränderungen in der Hydrodynamik viel stärker auf den Stoff- und Wärmetransport als auf die Hydrodynamik selbst auswirken.

Dies ist aus der Verknüpfung des Impulstransports mit dem Stoff- bzw. Wärmetransport leicht erklärbar.

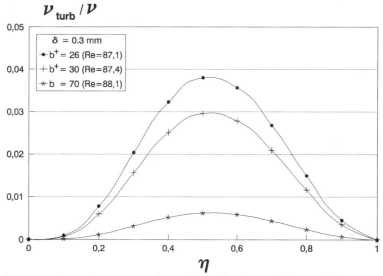

Bild 7. Darstellung von $v_{turb}/v = f(\eta)$ bei einer Filmdicke von 0.3 mm

Kernstück eines Modells zum Impulstransport ist natürlich der Verlauf des turbulenten Ausgleichskoeffizienten v_{turb} über dem Wandabstand in Abhängigkeit von der Reynolds-Zahl bzw. δ^+.

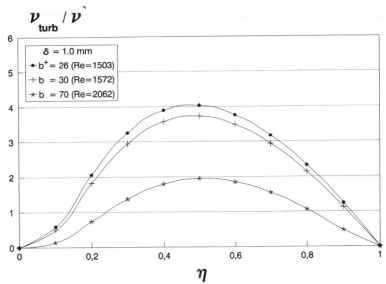

Bild 8. Darstellung von $\nu_{turb}/\nu = f(\eta)$ bei einer Filmdicke von 1.0 mm

Für 2 ausgewählte Filmdicken sind die entsprechenden Verläufe und die Beeinflussung derselben durch den Wert von b_∞^+ in den Abbildungen 7 und 8 dargestellt.

Im laminaren Gebiet ($\delta = 0.3$ mm) sind die absoluten Werte der Turbulenzviskosität so klein, daß eine Auswirkung auf die Hydrodynamik nicht gegeben ist. Anders verhält es sich bei der Filmdicke $\delta = 1.0$ mm. Hier zeigt es sich, daß bei der Wahl von $b_\infty^+ = 70$ die Turbulenz so stark gedämpft wird, daß die Auswirkungen auf die Hydrodynamik sich nicht mehr mit experimentellen Befunden (z.B. Filmdickenmessungen) in Einklang bringen lassen.

3.2. Die Berücksichtigung der Schubspannung an der Phasengrenze

Als wesentliche Erweiterung gegenüber [5] muß die Berücksichtigung der Schubspannung, die das Gas auf die Flüssigkeitsoberfläche ausübt, gesehen werden. Diese Einführung geschieht mit der Vorgabe, daß die Strömungsrichtung von oben nach unten (wahrscheinlichste Strömungsrichtung der Flüssigkeit) mit einem positiven Vorzeichen gekennzeichnet wird. Ein der Flüssigkeit entgegen strömendes Gas wird somit durch ein negatives Vorzeichen von τ_δ bzw. τ_δ^+ gekennzeichnet.

Dazu wird bei der Lösung von Gleichung (3) an der Filmoberfläche nicht $\tau=0$ gesetzt, sondern es gelten veränderte Randbedingungen. An der festen Wand herrscht wie bisher die Wandschubspannung, an der Flüssigkeitsoberfläche greift jedoch infolge der Gasströmung die Schubspannung τ_δ an:

$$\eta = 0 \text{ (Wand)} \quad ; \quad \tau = \tau_W$$
$$\eta = 1 \text{ (Filmoberfläche)} \quad ; \quad \tau = \tau_\delta \;.$$

Daraus ergibt sich für den Schubspannungsverlauf:

$$\tau = \rho \cdot g \cdot \delta \cdot \left(1 - \eta + \tau_\delta^+\right), \tag{23}$$

wobei

$$\tau_\delta^+ = \frac{\tau_\delta}{\rho \cdot g \cdot \delta} \tag{24}$$

ist.

Dadurch verändert sich die Mischungswegberechnung zu

$$\frac{l}{\delta} = a \cdot \eta \cdot \left[1 - \exp\left(-\frac{\delta^+ \cdot \eta}{b^+} \cdot \sqrt{\left|\frac{1-\eta+\tau_\delta^+}{1+\tau_\delta^+}\right|}\right)\right] \cdot \exp\left(-\frac{\eta}{m}\right), \tag{25}$$

und die Geschwindigkeit wird nach

$$w(\eta) = \frac{2 \cdot (\delta^+)^2 \cdot v}{\delta} \cdot \int_0^\eta \frac{(1-\eta+\tau_\delta^+)}{(1+\tau_\delta^+) \cdot (f(\eta)+1)} d\eta \tag{26}$$

berechnet.

Da in die Größe f(η) sowohl der Mischungsweg als auch der Schubspannungsverlauf eingeht, ändert sich auch diese Gleichung.

Um zu verhindern, daß der Ausdruck unter der Wurzel negativ wird, werden die Terme mit τ_δ^+ in Betragsstriche gesetzt. Das Vorzeichen berücksichtigt die Strömungsrichtung und ist Bestandteil vektorieller Größen (Geschwindigkeit, Schubspannung). Da τ_δ^+ bei f(η) und in der Formel für l ein Maß für die Turbulenz ist und bei dieser der Richtungseinfluß keine Rolle mehr spielt, ist es an dieser Stelle zulässig nur mit den Beträgen weiterzurechnen.

$$f(\eta) = \sqrt{1+4a^2(\delta^+)^2\eta^2 \left|\frac{1-\eta+\tau_\delta^+}{1+\tau_\delta^+}\right| \left(1-\exp\left(-\frac{\delta^+\eta}{b^+}\sqrt{\left|\frac{1-\eta+\tau_\delta^+}{1+\tau_\delta^+}\right|}\right)\right)^2} \exp\left(-\frac{2\eta}{m}\right) \quad (27)$$

Die im bisherigen Text stillschweigend als gegeben vorausgesetzte Schubspannung an der Phasengrenze kann durch ein Kräftegleichgewicht und die Annahme einer Haftbedingung zwischen Gas und Flüssigkeitsoberfläche bestimmt werden. Solch eine Herleitung findet man bei Brauer [3].

Die Berücksichtigung der Schubspannung hat die in Abb. 9 gezeigten Auswirkungen auf die Geschwindigkeits-Profile (siehe auch [3]).

Für den Fall, daß das Gas mit gleicher Geschwindigkeit und in gleicher Richtung wie die Flüssigkeit strömt, gilt Bild a). Dieser Fall wurde bisher generell angenommen - die Schubspannung wurde vernachlässigt. Diese Annahme ist weiterhin bei ruhender Gasphase und bei mäßigen Gasgeschwindigkeiten auch bei Gegenstrom von Flüssigkeit und Gas zulässig.

Darüber hinaus sind weitere Werte von τ_δ^+ gezeigt, bei denen die zugehörigen Geschwindigkeitsverläufe eine charakteristische Gestalt aufweisen. So gilt für $\tau_\delta^+ = -\frac{1}{2}$, daß die Fließgeschwindigkeit des Rieselfilms an der Oberfläche zu 0 wird - τ_δ ist vom Betrag her genauso groß wie τ_W, das Profil der Geschwindigkeit des Filmes wird innerhalb des Filmes zu einer Vollparabel.

Einen Grenzwert für die Strömung stellt $\tau_\delta^+ = -\frac{2}{3}$ dar, bei dem die mittlere Geschwindigkeit des Rieselfilmes zu 0 wird. Steigt die Gasgeschwindigkeit weiter, verändert sich die Strömungsrichtung des Filmes. Aus dem bisherigen Gegenstrom wird durch die Einwirkung der Gasströmung ein Gleichstrom aufwärts.

Die Schubspannungs-Werte kennzeichnen folgende Strömungsführungen:

$0 \leq \tau_\delta^+$ -   Gleichstrom abwärts

$-\frac{2}{3} < \tau_\delta^+ < 0$ -   Gegenstrom

$\tau_\delta^+ < -\frac{2}{3}$ -   Gleichstrom aufwärts.

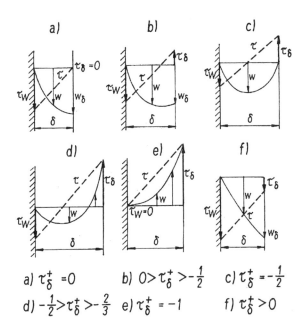

Bild 9. Theoretischer Verlauf der Geschwindigkeitsprofile unter Einfluß der Gasschubspannung an der Filmoberfläche

Daß dies ebenfalls gut modelliert werden kann, zeigen die in Abb. 10 dargestellten Geschwindigkeitsprofile. Für eine Filmdicke von 0,3 mm und verschiedene τ_δ^+-Werte ergeben sich die eingetragenen Verläufe.

Es zeigt sich eine gute Übereinstimmung zwischen den theoretischen Vorgaben und den berechneten Geschwindigkeits-Profilen.

Wenn $\tau_\delta^+ > 0$ ist (Gleichstrom), werden die Geschwindigkeits-Profile gestreckt, während für $\tau_\delta^+ < 0$ (Gegenstrom) eine Stauchung erfolgt. Durch die unterschiedlichen Relativgeschwindigkeiten zwischen Gas und Flüssigkeit wird das Strömungsverhalten des Rieselfilmes entsprechend den Erwartungen (Bild 9) verändert.

Der Trend der Beeinflussung der Strömung wird besonders deutlich, wenn für eine bestimmte Filmdicke die Veränderung der Re-Zahl als Funktion der Schubspannung an der Grenzfläche Film/Gas dargestellt wird. Wegen $\delta = $ konst. und $\nu = $ konst. beinhaltet die Re-Zahl in diesem Fall insbesondere die Auswirkung von τ_δ^+ auf die mittlere Strömungsgeschwindigkeit $\bar{w}$.

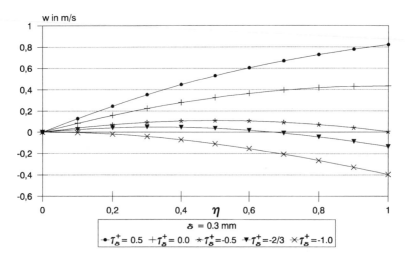

Bild 10. Eigene Berechnungen für $w(\eta) = f(\tau_\delta^+)$

Wenn τ_δ^+ kleiner wird, verringert sich die mittlere Fließgeschwindigkeit des Filmes und Re sinkt. Bei $\tau_\delta^+ = -\frac{2}{3}$ ist die mittlere Strömungsgeschwindigkeit gleich 0 und Re demzufolge ebenfalls.

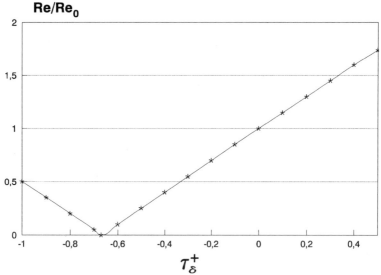

Bild 11. Re als Funktion der Schubspannung zwischen Rieselfilm und Gasströmung

Bei einem weiteren Absinken der Schubspannung erfolgt eine immer schnellere Förderung der Flüssigkeit in Richtung des Gasstromes. Mit steigender Geschwindigkeit des nun aufwärts strömenden Flüssigkeitsfilmes wächst auch Re wieder.

Die mittlere Strömungsgeschwindigkeit für $\tau_8^+ < -\frac{2}{3}$ besitzt zwar ein negatives Vorzeichen, in die Berechnung von Re geht jedoch ebenfalls nur der Betrag ein, analog zu der Erläuterung zu den Gleichungen (25) und (27).

Somit können auch starke Gasströmungen mit ihren Auswirkungen auf Geschwindigkeit und Turbulenz des Rieselfilmes berücksichtigt werden.

4. Stoff- und Wärmetransport

Bei dieser Art von Modellierung wird von einer Analogie zwischen Stoff- und Wärmetransport ausgegangen. Die folgenden Betrachtungen werden deshalb meist nur für den Stofftransport angestellt, für den Wärmeübergang gelten sie entsprechend.

Um vom modellierten Impulstransport auf diese Vorgänge zu schließen, werden analog zur turbulenten Viskosität turbulente Diffusions- bzw. Temperaturleitkoeffizienten (D_{turb} bzw. a_{turb}) eingeführt.

Es gilt folgender Zusammenhang:

$$\frac{D_{turb}}{D} = \frac{\nu_{turb}}{\nu} \cdot \frac{Sc}{Sc_{turb}} \tag{28}$$

$$Sc = \frac{\nu}{D} \tag{29}$$

$$Sc_{turb} = \frac{\nu_{turb}}{D_{turb}} \tag{30}$$

In der Literatur gibt es eine Reihe von Vorschlägen zur Berechnung der turbulenten Sc-Zahl, die den Zusammenhang zwischen den entsprechenden turbulenten Transportgrößen zum Ausdruck bringen [7].

In der Gegenüberstellung von ν_{turb}/ν und D_{turb}/D erkennt man die bereits erwähnte Verstärkung der Turbulenzeinflüsse beim Stoff- gegenüber dem Impulstransport.

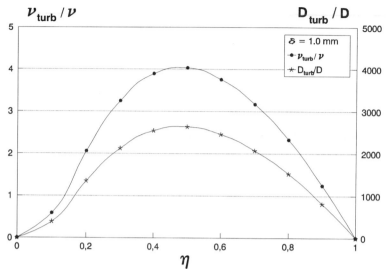

Bild 12. Gegenüberstellung von ν_{turb}/ν und D_{turb}/D für $Sc/Sc_{turb}=588$

Somit liegt es in der Natur der Modellierung, daß Änderungen den größeren Einfluß auf den Stoffübergang haben, als auf die Hydrodynamik. Dies ist vor allem verblüffend, wenn die eigentlichen Veränderungen in der Modellierung der Hydrodynamik vorgenommen werden. Somit ist es notwendig, die genannten Modellierungsvorschläge noch auf ihren Einfluß auf den Stofftransport zu untersuchen.

Zusammenfassung

Die vorliegende Arbeit stellt einen Beitrag zur Modellierung des Impuls-, Stoff- und Wärmetransports in einer Rieselfilmströmung dar.
Aufbauend auf der Mischungswegtheorie werden verschiedene vereinfachende Annahmen in bisherigen Modellen fallengelassen. Berücksichtigt werden insbesondere die Variation der "Konstanten" im van Driestschen Dämpfungsterm mit der Reynolds-Zahl und die infolge einer Gasströmung an der Filmoberfläche angreifende Schubspannung.

Summary

Modelling of momentum transfer in liquid film flow

This work represents a contribution to modelling the momentum, heat and mass transfer in liquid film flows. On the basis of the mixing length equation of L. Prandtl, the model describes the distribution of eddy viscosity as a function of the distance from the wall over the whole range of technically relevant Reynolds numbers.

The model includes also a shear stress on the free liquid surface. On the basis of the distribution of eddy viscosity it is possible to calculate the turbulent diffusivity and the turbulent coefficient of temperature conductivity.

Verzeichnis der Symbole und Formelzeichen

a	-	dimensionsloser Parameter in Gl. (11)
b^+, (b_∞^+)	-	dimensionsloser Parameter in GL. (11), (für Re $\Rightarrow \infty$)
$f(\eta)$	-	Funktion nach Gl. (16) bzw. (27)
g	m/s²	Erdbeschleunigung
l	m	Mischungsweg nach Prandtl
m	-	dimensionsloser Parameter in Gl. (11)
Re	-	Reynolds-Zahl
Re_0	-	Reynolds-Zahl ohne Schubspannung an der Phasengrenze
w	m/s	Geschwindigkeit
$\bar{w}$	m/s	über dem Filmquerschnitt gemittelte Geschwindigkeit
w_τ	m/s	Schubspannungsgeschwindigkeit
y	m	Querkoordinate
δ	m	Filmdicke
δ^+	-	dimensionslose Filmdicke nach Gl. (12)
η	-	dimensionslose Querkoordinate
ν	m²/s	kinematische Viskosität
ρ	kg/m³	Dichte
τ	N/m²	Schubspannung

τ_δ^+ dimensionslose Schubspannung an der Filmoberfläche nach Gl. (24)

Indizes:

W	an der festen Wand
eff	effektiv
mol	molekular
turb	turbulent
δ	an der Filmoberfläche (bei $y=\delta$)

Literaturverzeichnis

[1] Boussinesq, J.: Essai sur la theorie des eaux courantes
Paris: Mem. pres. div. sav. Acad. Sci. 23 (1877)
+ Theorie de l'ecoulement tourbillonant et tumultueux des liquides
Paris: Acad. Sci. 122 (1896)

[2] Brauer, H.: Strömung und Wärmeübergang bei Rieselfilmen
VDI-Forschungsheft 457
Düsseldorf: VDI-Verlag, 1956

[3] Brauer, H.: Grundlagen der Einphasen- und Mehrphasenströmung
Aarau: Verlag Sauerländer, 1971

[4] Feind, K.: Strömungsuntersuchungen bei Gegenstrom von Rieselfilmen und Gas in lotrechten Rohren
VDI-Forschungsheft 481
Düsseldorf: VDI-Verlag, 1960

[5] Grabbert, G.: Modellvorstellungen zum Impuls-, Stoff- und Wärmetransport in Rieselfilmen und ihre Anwendungsmöglichkeit auf technische Probleme
Dissertation B, Bergakademie Freiberg, 1988

[6] Huffman, G.D.; Bradshaw, P.: A note on von Karmans constant in low Reynolds number turbulent flows
J. Fluid Mech. 53 (1972), 45-60

[7] Jischa, M.: Konvektiver Impuls-, Wärme- und Stoffaustausch
Verlag Vieweg 1982

[8] Limberg, H.: Über die turbulente Strömung in einem Rieselfilm
Monatsberichte der DAW zu Berlin 11 (1970) 5, 333-341

[9] Naue, G.: Technische Strömungsmechanik
Leipzig: Deutscher Verlag für Grundstoffindustrie 1975

[10] Nußelt, W.: Die Oberflächenkondensation des Wasserdampfes
Düsseldorf: Z. VDI 60 (1916) 27, 541-546

[11] Prandtl, L.: Über die ausgebildete Turbulenz
Berlin: Zeitschrift f. angew. Math. Mech. 5 (1925) 2, 136-139

[12] Schlichting, H.: Grenzschichttheorie
Karlsruhe: Verlag Braun 1965

[13] Szablewski, W.: Turbulente Grenzschichten mit Druckabfall
Berlin: Ing. Arch. 37 (1968) 4, 267-280

[14] Szablewski, W.: Turbulente Grenzschichten in Ablösungsnähe
Berlin: Zeitschrift f. angew. Math. Mech. 49 (1969) 4, 215-225

[15] Szablewski, W.: Prandtlsche Mischungsweghypothese und Spektrum der turbulenten Schubspannung
Berlin: Zeitschrift f. angew. Math. Mech. 58 (1978) 9, 418-421

[16] van Driest, E.R.: On turbulent flow near a wall
New York: J. Aero. Sci. 23 (1956) 11, 1007-1011

[17] von Karman, Th.: Analogy between fluid friction and heat transfer
London: Engeneering 148 (1939) 8, 210-213

[18] Zhivaikin, L.Y.: Liquid film thickness in filmtype units
New York: Int. Chem. Eng. 2 (1962), 337-341

Modell um Erfassen der Wirkung von Flüssigkeitsverteilungen in Stoffaustauschpackungen

von Bernd Berger, Zittau (Freiberg)

1. Einführung in die Gesamtproblematik

Für thermische Stofftrennprozesse und Wärmeübertragungsaufgaben werden in großer Breite und einer Vielzahl von Ausführungsformen Füllkörper in geschütteter Form und als geordnete Packungen verwendet. Sie dienen, in Kolonnen angeordnet, als Träger für die schwerere der bei thermischen Stofftrennprozessen miteinander in Kontakt gebrachten Phasen. Da in vorliegendem Fall Prozesse mit zwei flüssigen oder einer festen Phase nicht betrachtet werden, handelt es sich grundsätzlich um Träger der flüssigen Phase. Bei derartigen Stofftrenn- und direkten Wärmeübertragungsprozessen werden an die Gestaltung desselben folgende grundsätzliche Forderungen gestellt:

- Vorliegen einer großen **Phasengrenzfläche**
  Das bedeutet, daß eine große geometrisch vorgebildete Oberfläche im Apparat vorhanden sein muß, die von der Flüssigkeit aber auch möglichst vollständig benetzt werden soll. Bestimmte Gestaltungsformen der Einbauten, die hier nicht betrachtet werden sollen, schaffen eine große Phasengrenzfläche dadurch, daß sie die Flüssigphase dispergieren. Hierfür werden Abtropfstellen oder die kinetische Energie der Gasphase genutzt. Letztere Version bringt aber grundsätzlich das Auftreten eines höheren Druckverlustes mit sich.

- ständiges Erneuern der **Phasengrenzschicht/Oberfläche**
  Es muß ein intensiver Transport von Flüssigkeit von der Kernströmung an die Oberfläche und zurück erfolgen. Dies wird durch häufiges Neuanströmen der Flüssigkeit, bedingt durch die geometrische Form der Einbauten, und durch Turbulenzinduzieren in der Flüssigphase sowie durch Dispergieren gewährleistet.

- maximale **Triebkraft** durch **Gegenstrom**

  In der gesamten Packung muß gewährleistet werden, daß die beiden Phasen im Gegenstrom zueinander bewegt werden, damit die vorhandene Triebkraft für den Stoffaustausch vollständig genutzt wird.

- geringer **Druckverlust**

  Der Druckverlust ist aus energetischen Gründen, Transport der Gasphase mittels Gebläse, und um eine schonende Verarbeitung der zu trennenden Komponenten zu sichern, Siedetemperaturerhöhung durch Druckerhöhung, so gering wie möglich zu halten. Hierbei sind vor allem energiezehrende Turbulenzen, die durch entsprechende Gestaltung der Einbauten induziert werden und nicht der Grenzschichterneuerung dienen, zu vermeiden.

Diese als Bewertungskriterien für die Leistungsfähigkeit einer Packung verwendeten Werte sind integrale Größen. Die Beeinflussung dieser Größen durch Gestalt/Form und Abmaße der Füllkörper ist bisher nicht quantifizierbar. Dies ist vor allem darauf zurückzuführen, daß sich alle hier genannten Größen, gekoppelt über die Zweiphasenströmung, in äußerst komplexer Form gegenseitig beeinflussen. Hieraus resultiert auch die Vielzahl vorhandener Bauformen von Füllkörpern und Packungen, die existieren, weil die Konstrukteure auf das Einhalten verschiedener Kriterien unterschiedlichen Wert legen und seitens der unterschiedlichen Stoffgemische in Flüssig- und Gasphase verschiedenste Anforderungen gestellt werden (siehe Billet [1]).

Integrale Bewertungsgrößen für die geometrischen Eigenschaften von Füllkörperschüttungen und geordneten Packungen liegen in Form der speziefischen Oberfläche a und dem Lückenvolumen/Porosität ϵ vor.

Die Bewertung und Entwicklung von Füllkörpern und Packungen ist unter Vorgabe des Maximierens o.g. Parameter nur unter Verwendung dieser integralen Größen möglich. Ein Maximieren von a und ϵ führt (theoretisch) zu maximalem Trenneffekt bei geringem Druckverlust. Unerklärlich ist hierdurch aber der Umstand, daß eine Vielzahl von Elementen mit gleichen geometrischen Werten entwickelt wurde, die jedoch bei gleichem zu trennenden Stoffsystem eine recht unterschiedliche Leistungsfähigkeit an den Tag legen.

Der Zusammenhang zwischen spezifischer Oberfläche a, Lückenvolumen ϵ und der Materialdicke der Einbauten s läßt sich wie folgt darstellen. Die spezifische Oberfläche a ist definiert als Oberfläche der Packung/Schüttung A_P bezogen auf das Volumen der Packung/Schüttung V_K:

$$a = \frac{A_P}{V_K} \tag{1}$$

Der Materialeinsatz für die Packung kann folgendermaßen abgeschätzt werden:

$$V_M \leq 0{,}5 \cdot s \cdot A_P \tag{2}$$

Das Lückenvolumen ist wie folgt definiert:

$$\varepsilon = \frac{V_K - V_M}{V_K} \tag{3}$$

Für das Lückenvolumen ergibt sich somit:

$$\varepsilon \geq 1 - 0{,}5 \cdot a \cdot s \tag{4}$$

Hier ist der Zusammenhang zwischen Lückenvolumen, spezifischer Oberfläche und Materialdicke s hergestellt. Aus dieser Gleichung und den allgemeinen Zusammenhängen, wie sie oben dargestellt wurden, folgt, daß leistungsfähige Packungen aus möglichst dünnem Material bei gleichzeitig hoher spezifischer Oberfläche bestehen. In welcher Form diese Körper gestaltet wurden geht aus diesen Angaben nicht hervor. Dies ist von derartigen integralen Größen auch nicht zu erwarten.

Zur Bewertung dieser leistungsfähigen Packungen unterschiedlichster Konstruktionen ist man somit auf empirische Untersuchungen, den Leistungstest mit Testgemischen angewiesen.

Grundsätzlich leistungsstarke Packungen weisen Leistungsreduzierungen aus, die in ihrer Struktur begründet liegen.

Um diese Effekte aufzudecken genügen Untersuchungen mit Testgemischen nicht, es sind Tests erforderlich, die die Packung/Schüttung in Einzelelemente auflösen.

Die empirische Methode beruht darauf, daß in einer Packung/Schüttung über die Höhe und den Querschnitt verteilt Sensorik angeordnet ist, die Temperaturen, Konzentrationen und holdup in diskreten Sektoren und Abschnitten bestimmen läßt. Sie ermöglicht einen Blick in die reale Packung und läßt das Verhalten unter verschiedenen Belastungen im Detail überprüfen. Schwer möglich ist zu analysieren, wie dieses Verhalten auf Basis der gegebenen Geometrie entstanden ist, und wie die Geometrie der Packung/Schüttung bzw. des Einzelelementes die Leistungsfähigkeit bestimmt. Diese Untersuchungsmethodik wurde beispielsweise von Potthoff und Stichlmair [2] angewandt, um Ungleichverteilungseffekte in realen Pall-Ring-Schüttungen zu untersuchen.

Die Beschreibung der Ungleichverteilung läßt sich sehr detailliert vornehmen, eine Ursachenermittlung und -bekämpfung ist mit ihr nicht leicht möglich. Der materielle Aufwand ist bei dieser Methode recht hoch, was für die meisten empirischen Methoden gilt.

Die rechnerische Methode beruht darauf, daß mit Rechentechnik, wenn die erforderlichen Größen bekannt sind, eine Elementeweise Berechnung des hydraulischen und Stoffaustauschverhaltens möglich ist. Zur Flüssigkeitsverteilung siehe [3] und [4].

Voraussetzung ist:
-Die Einzelelemente werden über den Querschnitt gleichverteilt angeordnet.
- Die Zuordnung der Elemente einer Schicht zu den der benachbarten Schichten ist festlegbar.
- Die Strömungsverteilungscharakteristik kann, von bestimmten Kriterien abhängig, festgeschrieben werden.
- Das Druckverlust bewirkende Verhalten der Elemente ist bekannt.
- Die Stoffaustauschcharakteristik des Einzelelementes ist berechenbar.

Durch stoffbilanzseitige Verknüpfungen von die Elemente einhüllenden Räumen kann die hydraulische, Stofftrenn- und Druckverlustcharakteristik ermittelt werden.
Die Variation der Geometrie der Einzelelemente wirkt sich über deren Stoffstromverteilungs-, hydraulische, Druckverlust- und Stoffaustauschcharakteristik per Rechnung in einer direkt zuweisbaren Form auf das integrale Ergebnis aus. Sind entsprechende Angaben zum Einzelelement vorhanden, besteht die Möglichkeit, hinreichend präzise Aussagen über deren Auswirkung auf die Leistungsfähigkeit der aus ihnen bestehenden Packungen/Schüttungen zu gewinnen.

2. Modellierung der Flüssigkeitsverteilung

2.1. Problemstellung zum Modell

Für Packungen mit anerkannt leistungsfähigen Einzelelementen ergibt sich immer wieder das Problem, daß sich in der Packung/Schüttung eine wesentlich reduzierte Trennleistung einstellt. Diese ist in starkem Maße vom Durchmesser des Apparates abhängig.

Die Verschlechterung der Trennleistung ergibt sich hauptsächlich aus einer durch die Geometrie der Elemente der Packung/Schüttung verstärkte oder zumindest nicht ausgeglichene Ungleichverteilung der Flüssigkeit, und damit auch des Gases/Dampfes in einer Packung.

Diese durch die strukturellen Eigenschaften an den Knotenpunkten der Packung bedingten Leistungseinbußen zu erfassen und ihre Ursachen zu ermitteln, ist eine Aufgabe, die mit Hilfe einer Computersimulation lösbar scheint.

Um ein Modell für die Flüssigkeitsverteilung aufzustellen, müssen folgende Modellkomponenten zur Verfügung stehen:

1. Anfangsverteilung der Packung

Mit dieser Anfangsverteilung soll das Verhalten der Flüssigkeitsverteiler oder Zwischenverteiler vorgegeben werden.

Es sind mehrere Verteilungsvarianten zur Modellierung heranzuziehen:

- Gleichverteilung der Flüssigkeit über den Querschnitt

  Diese kommt praktisch nicht vor, da die Verteilungswirkung des Flüssigkeitsverteilers durch aerodynamische Ungleichverteilungseffekte negativ beeinflußt wird. Sie ist aber für die Modellbetrachtung brauchbar, wenn man die Verteilungswirkung der Packung selbst untersuchen will.

- statistische Normalverteilung der Flüssigkeit mit Maximum im Zentrum des Apparatequerschnitts

  Sie widerspiegelt eine bestimmte Verteilungscharakteristik eines Flüssigkeitsverteilers. Sie dient der Überprüfung der Vergleichmäßigungswirkung der Packung bzw. Schüttung.

- statistische Normalverteilung der Flüssigkeit mit Maximum am Rand des Querschnitts

  Diese widerspiegelt eine bestimmte Verteilungscharakteristik des Flüssigkeitsverteilers. Sie dient der Überprüfung der Wirkung von Rückführungselementen bei Randgängigkeit der Flüssigkeit. Sie läßt das Verhalten der Packung selbst nach dem Wirksamwerten von Rückführungselementen überprüfen.

- statistische Normalverteilung der Flüssigkeit mit Zufallsverteilung der Flüssigkeit auf die Elemente

Sie kann das "realistische" Verhalten einer Packung/Schüttung widerspiegeln. Aussagen über das Ausgleichsverhalten sind zu treffen.

2. Verteilung der Elemente in der Packung

Die Anordnung der Elemente ergibt gemeinsam mit der Flüssigkeitsverteilungscharakteristik die Basis für die Berechnungen.

Bei der hier betrachteten Packungsstruktur wird die Anordnung wie folgt vorgenommen:

Die Einzelelemente der unter einer Ebene liegenden Elemente der nächsten Ebene liegen entweder links und rechts vom oberen Element, wenn vorhergehende vor und hinter dem oberen Element lagen, oder, im anderen Fall, vor und hinter dem oberen Element.

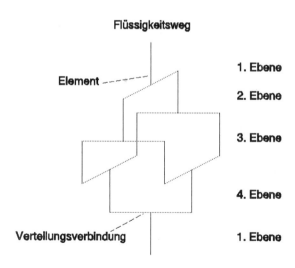

Bild 1. Flüssigkeitsverteilungsweg einer Packung

Es besteht die Möglichkeit, jeweils die 2. und 4. Ebene zu entfernen.
Dies wird erforderlich, um dichtere Packungen simulieren zu können.

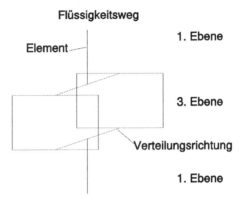

Bild 2. Flüssigverteilungsweg einer dichten Packung

2.2. Modellierung für verschiedene Anfangsverteilungen

Für das verwendete Berechnungsmodell wurden ca. 70 stabförmige Elemente in einem Kreisquerschnitt von 100 mm Durchmesser angeordnet. Es wurde eine quadratische Teilung verwendet. Die Elemente einer Ebene sind gegenüber denen der darüberliegenden um den halben Teilungsabstand nach links/rechts oder vorn/hinten versetzt.
Bild 3 zeigt die Anordnung der Elemente in der ersten Ebene.

		1	2	3	4	5	6	7	8	9	10
	1	0	0	0	1	2	3	4	0	0	0
	2	0	5	6	7	8	9	10	11	12	0
	3	0	13	14	15	16	17	18	19	20	0
	4	21	22	23	24	25	26	27	28	29	30
i	5	31	32	33	34	35	36	37	38	39	40
	6	41	42	43	44	45	46	47	48	49	50
	7	0	51	52	53	54	55	56	57	58	0
	8	0	59	60	61	62	63	64	65	66	0
	9	0	0	0	67	68	69	70	0	0	0

Bild 3. Anordnung der Elemente in der i-ten Ebene

Differenzen in der Zahl der Elemente in den 4 Ebenentypen ergeben sich aus dem Umstand, daß in jeder Schicht der Abstand der außen liegenden Elemente zur "Rohrwand" möglichst gleich dem halben Elementeabstand sein soll.
Die für die Berechnung vorgegebene Flüssigkeitsbelastung beträgt für alle angegebenen Fälle 10 m³/(m² h).
Die Flüssigkeitsanfangsverteilung wird als
1. Gleichverteilung
2. statistische Normalverteilung mit Maximum im Zentrum
3. statistische Normalverteilung mit Maximum am Rand
4. statistische Normalverteilung mit Zufallsverteilung auf die Elemente der 1. Ebene

vorgegeben.
Die Flüssigkeit wird von den Elementen der 1. Ebene auf die Elemente der 2. Ebene nach folgendem Muster übertragen:

$i = 1,9$

$j = 3 \qquad \dot{V}_{k+1}(j) = \dot{V}_k(j+1) \cdot v$ \hfill (5)

$j = 7 \qquad \dot{V}_{k+1}(j) = \dot{V}_k(j) \cdot (1-v)$ \hfill (6)

$j = 4..6 \qquad \dot{V}_{k+1}(j) = \dot{V}_k(j) \cdot v + \dot{V}_k(j+1) \cdot (1-v)$ \hfill (7)

$i = 2,8$

$j = 2..8 \qquad \dot{V}_{k+1}(j) = \dot{V}_k(j) \cdot v + \dot{V}_k(j+1) \cdot (1-v)$ \hfill (8)

$i = 3,7$

$j = 1 \qquad \dot{V}_{k+1}(j) = \dot{V}_k(j+1) \cdot v$ \hfill (9)

$j = 9 \qquad \dot{V}_{k+1}(j) = \dot{V}_k(j) \cdot (1-v)$ \hfill (10)

$j = 2..8 \qquad \dot{V}_{k+1}(j) = \dot{V}_k(j) \cdot v + \dot{V}_k(j+1) \cdot (1-v)$ \hfill (11)

$i = 4..6$

$j = 1..9 \qquad \dot{V}_{k+1}(j) = \dot{V}_k(j) \cdot v + \dot{V}_k(j+1) \cdot (1-v)$ \hfill (12)

Für die Berechnungen wurde ein Verteilungsfaktor v von 0,5 angenommen. Für andere, auch kriterienbehaftete Verteilungscharakteristiken kann der Faktor entsprechend variiert werden.

Soll die Randgängigkeit simuliert werden, muß bei den der "Wand" benachbarten Elementen ein entsprechender Betrag zum Abzug gebracht werden. Diese Beträge werden in einem speziellen Speicherelement, aus dem auch entsprechende Mengen an der "Wand" benachbarte Elemente rückgeführt werden können, abgelegt.

2.3. Berechnungsergebnisse

1. Anfangsgleichverteilung der Flüssigkeit

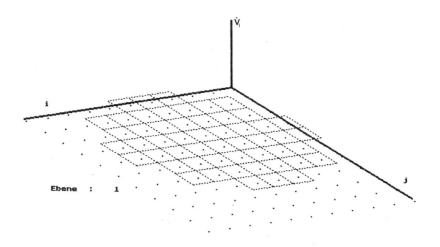

Bild 4. Gleichverteilung 1. Ebene

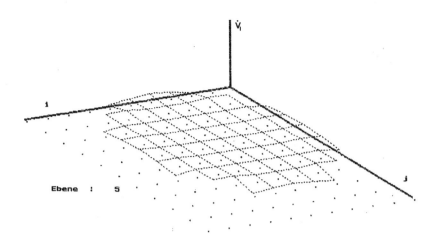

Bild 5. Gleichverteilung 5. Ebene

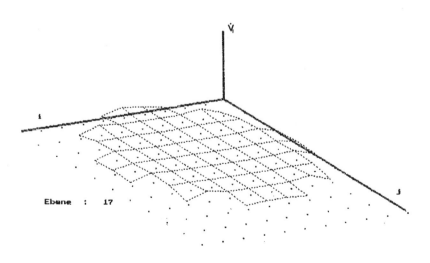

Bild 6. Gleichverteilung 17. Ebene

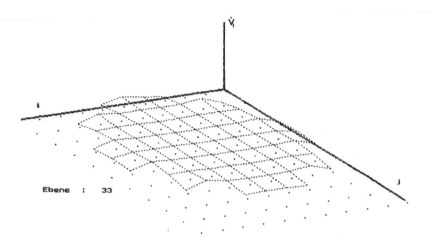

Bild 7. Gleichverteilung 33. Ebene

Die Volumenstromverteilungen der Ebene 5, 17 und 33 weisen aus, daß bei einer dermaßen ausgeglichenen Verteilung zwischen den Elementen keine Ungleichverteilung auftritt. Ein Absenken in den Eckbereichen ist darauf zurückzuführen, daß den dort isoliert liegenden Elementen nur geringe Anteile zugeführt werden, aber auch eine vollständige Rückführung an darunterliegende benachbarte Elemente erfolgt.

2. Statistische Normalverteilung mit Maximum im Zentrum

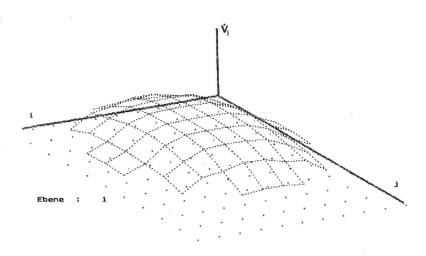

Bild 8. Zentralverteilung 1. Ebene

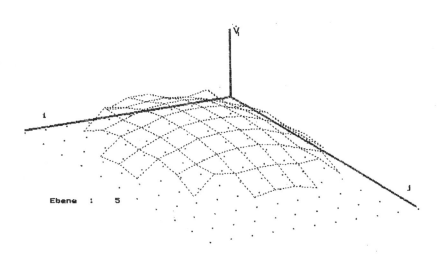

Bild 9. Zentralverteilung 5. Ebene

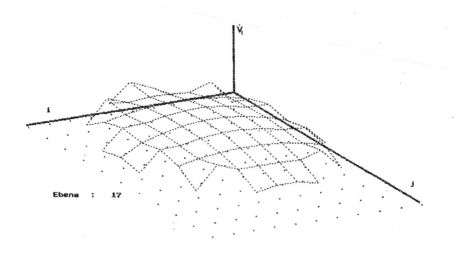

Bild 10. Zentralverteilung 17. Ebene

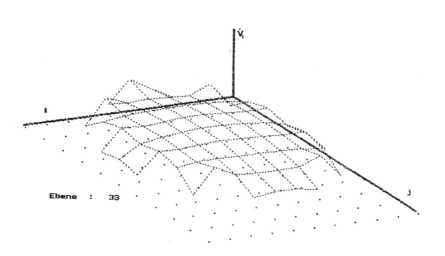

Bild 11. Zentralverteilung 33. Ebene

Bei dieser Verteilung findet ein schneller Ausgleich schon von der 1. zur 5. Ebene statt. Bei Ebene 33 ist die Verteilung ähnlich ausgeglichen wie bei der Gleichverteilung. Nur eine geringfügige Volumenstromerhöhung verbleibt im Randbereich.

3. Statistische Normalverteilung mit Maximum am Rand

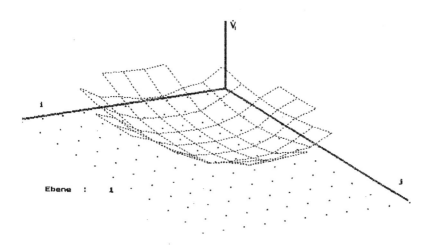

Bild 12. Randverteilung 1. Ebene

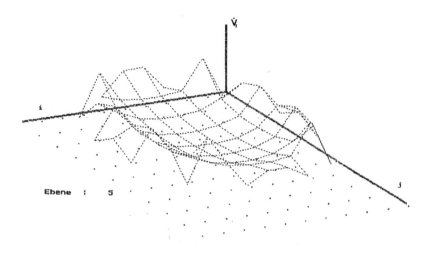

Bild 13. Randverteilung 5. Ebene

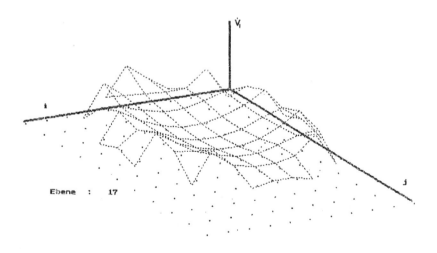

Bild 14. Randverteilung 17. Ebene

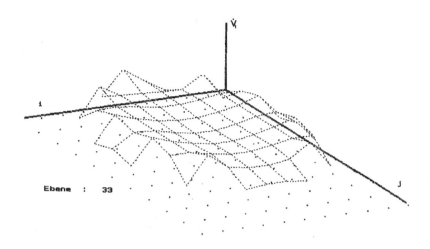

Bild 15. Randverteilung 33. Ebene

Bei dieser Verteilung findet kein so schneller Ausgleich wie im 2. Fall statt. Auch hier verbleibt ein, sogar geringfügig höherer Überschuß bei den Randelementen. Dies läßt die Schlußfolgerung zu, daß die Randgängigkeit systemimanent ist, und durch ein einfaches Zurückdrängen auf randnahe Bereiche grundsätzlich nicht reduzierbar ist. Eine vollständige Neuverteilung der Flüssigkeit ist in diesem Fall sicherlich effizienter.

4. Statistische Normalverteilung mit Zufallsverteilung auf die Elemente

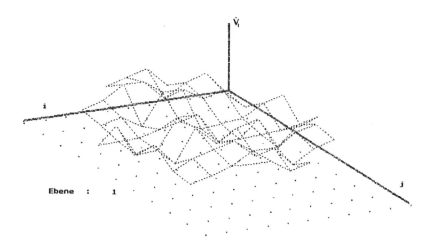

Bild 16. Zufallsverteilung 1. Ebene

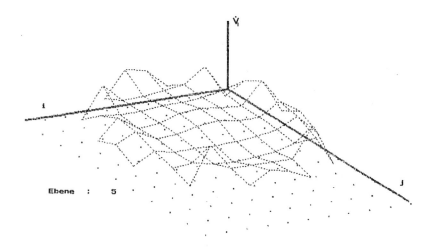

Bild 17. Zufallverteilung 5. Ebene

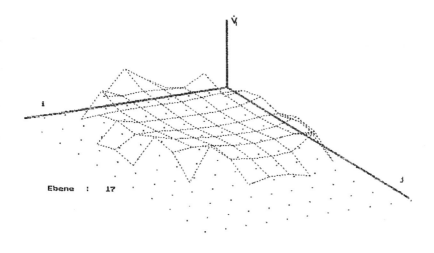

Bild 18. Zufallsverteilung 17. Ebene

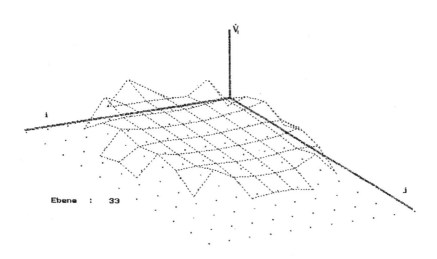

Bild 19. Zufallsverteilung 33. Ebene

Hier findet schon von der Ebene 1 nach Ebene 5 ein sehr schneller Ausgleich der Anfangsverteilung statt. bei Ebene 17 schon sichtbar und bei Ebene 33 voll ausgeprägt, ist hier die gleiche stärkere Beladung randnaher Schichten festzustellen, wie im Fall 2. und 3. Die dem Rand direkt benachbarten Elemente sind auch hier geringer mit Flüssigkeit beaufschlagt.

3. Stoffaustauschmodellierung

Zur Simulation des Stoffaustauschverhaltens derartiger Modellpackungen sind außer den schon behandelten Größen noch Angaben zum Stoffaustausch des Einzelelementes und zum Druckverlustverlustverhalten gemeinsam wirksamer Elemente erforderlich.

Diese Daten liegen für Faden-Austauschelemente vor. Detailierte Aussagen dazu sind [5], [6] und [7] zu entnehmen.

Der Druckverlust wurde über eine Eulerbeziehung ermittelt:

$$Eu = 3{,}74 \cdot 10^6 \cdot Re_g^{-0{,}84} \cdot \Gamma_2^{2{,}3} \qquad (13)$$

$$\text{mit} \quad \Gamma_2 = d_g^2 /(H \cdot d_{g2/3}) \ , \qquad (14)$$

$$Re_g = w_g \cdot d_g / \nu \qquad (15)$$

$$\text{und} \quad Eu = \Delta p \cdot d_g /(w_g^2 \cdot \rho_g \cdot H) \qquad (16)$$

Der Stoffaustausch (Gasphasenwiderstand) ist über eine Sherwoodbeziehung modelliert:

$$Sh = 400 \, Re_g^{0{,}4} \cdot Sc^{0{,}33} \cdot \Gamma_1^{-0{,}5} \qquad (17)$$

$$\text{mit} \quad Sh = \beta \cdot d_g / D \ , \qquad (18)$$

$$Sc = \nu / D \qquad (19)$$

$$\text{und} \quad \Gamma_1 = d_g / d_{g2/3} \qquad (20)$$

Für das Modell wurde angenommen, daß innerhalb der Schicht Kanäle, die durch 4 Fadenelemente oder 2 Elemente und die Wand begrenzt werden, eine in sich geschlossene Strömungs- und Stoffübertragungseinheit bilden.

Der Druckverlust über die Schichthöhe ist für alle Einheiten gleich.

Entsprechend diesem konstanten Druckverlust erhält man für jede dieser geschlossenen Einheiten bei unterschiedlichen Flüssigkeitsbelastungen verschiedene Gasdurchsätze. An der Grenze zwischen zwei Schichten findet Druckausgleich statt.

Radial liegt kein Druckgradient vor. Gleichfalls ausgeglichen wird an der Schichtgrenze die Konzentration in der Gasphase.

Für die Packung mit 0,1 m Durchmesser und 1 m Packungshöhe bestückt mit ca. 70 Fadenelementen (3 mm Fadendurchmesser) erhält man bei einer Flüssigkeitsbelastung von 10 m^3/(m^2·h) und einem f-Faktor von 1 Pa$^{-0,5}$ für das Stoffsystem NH$_3$ - Luft - Wasser folgendes Bild:

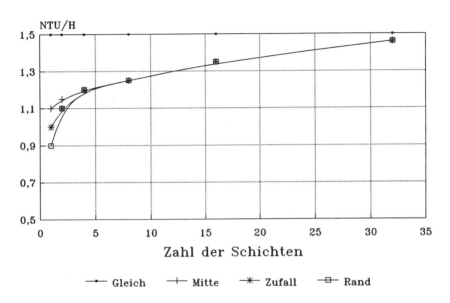

Bild 20. Stofftrennleistung in Abhängigkeit von der Schichtzahl

Man sieht, daß die Ausgleichswirkung nicht eintritt, wenn die Packung nur in wenige Schichten aufgeteilt ist. Unterschiede ergeben sich bei geringer Schichtzahl bei verschiedenen Anfangsverteilungen.
Dies war auf Basis der Flüssigverteilungen grunsätzlich auch zu erwarten gewesen.
Wenn die Zahl der Schichten etwa 25 beträgt, was einer Elementhöhe von etwa 4 cm entspricht, ist kein signifikanter Unterschied zwischen den verschiedenen Verteilungsformen zur Gleichverteilung zu verzeichnen.

4. Schlußfolgerungen

Mit der Modellierungsmethodik sind grundsätzliche Aussagen zur Charakteristik von Füllkörpern für Packungen/Schüttungen gewinnbar.

Bei Packungen, wie der betrachteten, ist durch die Struktur bedingt eine Ausgleichswirkung vorhanden. Um diese Ausgleichsfunktion wirksam werden zu lassen, muß die Elementehöhe hinreichend gering gehalten werden.

Praktisch ist eine solche Packung als Wabenpackung mit Querverteilungselementen oder Stabelementen mit Querverteilung gestaltbar.

Zu beachten ist bei derartigen Packungen, daß dem Modell entsprechend, verhindert werden muß, daß die Flüssigkeit an die Apparatewandung gerät. Sie muß von den der Wand benachbarten Elementen durch Quertransport wieder in die Packung zurückgeführt werden. Auf derartige Effekte sind sicher auch Leistungseinbußen bei bekannten Hochleistungsblechpackungen zurückzuführen.

Für spätere Untersuchungen ist es erforderlich, Aussagen über das richtungsabhängige Flüssigkeitstransportverhalten von Füllkörpern zu gewinnen.

Aus solchen Modellierungen wären dann sicher auch Aussagen zur Verbesserung der Gestalt dieser Elemente zu gewinnen.

Zusammenfassung

Zur Beurteilung der Leistungsfähigkeit von Schüttungen/Packungen werden klassisch empirische Untersuchungen von Hydraulik und Stoffaustauschverhalten herangezogen. Diese bieten in Form der Stufenzahl und der Zahl der Übertragungseinheiten sowie holdup und Druckverlust integrale Größen zur Bewertung der Packungen/Schüttungen an. Die Leistungsfähigkeit auf Basis geometrischer Größen zu beurteilen, liegen die, ebenfalls integralen Größen spez. Oberfläche und Porosität vor. Hier sind keine Aussagen über Vorgänge im Apparat möglich. Diese können nur auf Basis von Messungen, die ein detailiertes Vermessen in der Packung ermöglichen, oder durch Modellierung auf Basis der Charakterisierung der Einzelelemente gewonnen werde. Letztere Methode wird für die Flüssigkeitsverteilung und das Stoffaustauschverhalten an einer Modellpackung, bestehend aus einer variablen Zahl von Schichten, die jeweils ca. 70 stabförmige Elemente enthalten, simuliert. Es konnten Aussagen zum Vorliegen von spezifischen Flüssigkeitsverteilungseffekten und deren Auswirkung auf den Stoffaustausch gewonnen werden.

Summary

A modell for calculation of effects of liquid distribution in packings

The classic way to assess the efficiency of ordered and unordered packings is to carry out empirical investigations of hydrodynamics and mass transfer. They supply integral values like number of steps, number of transfer units, hold up and pressure drop. There are no informations about the process inside.

To get such informations there are 2 ways - to measure the packing with probes inside or to model the process by characterisation of individual elements of the packing. The second method is applied. Liquid distribution and mass transfer for a model packing were calculated. The simulation supplied informations about special effects of liquid distribution and its influence on mass transfer.

Verzeichnis der Symbole und Formelzeichen

a	m^2/m^3	spezifische Oberfläche
A_p	m^2	Oberfläche der Packung
D	m^2/s	Diffusionskoeffizient
d_g	m	gleichwertiger Durchmesser
$d_{g2/3}$	m	gleichwertiger Durchmesser bezogen auf 2/3 Faserlänge
Eu	-	Eulerzahl
H	m	Höhe des Elementes
i	-	Zeilennummer
j	-	Spaltennummer
Re	-	Reynoldszahl
s	m	Materialdicke
Sc	-	Schmidtzahl
Sh	-	Sherwoodzahl
v	-	Verteilungsfaktor
$\dot{V}$	m^3/s	Flüssigkeitsvolumenstrom
ϵ	-	spezifisches Lückenvolumen

ν	m²/s	kinematische Viskosität
ρ	kg/m³	Dichte
Δp	Pa	Druckverlust

Indizes:

k	Nr. der Schicht
g	auf das Gas bezogen

Literaturverzeichnis

[1] BILLET, R.: Stand der Entwicklung von Füllenkörpern und Packungen und ihre optimale geometrische Oberfläche, Chem.-Ing.-Tech. 64 (1992) Nr.5, S. 401 - 410, VCH Verlagsgesellschaft Weinheim

[2] STICHLMAIR, J., PONTHOFF, R.: Maldistribution in Packungskolonnen, Chem.-Ing.-Tech. 63 (1991) Nr. 1, S. 72 - 73, VCH Verlagsgesellschaft Weinheim

[3] MARCHOT, M. et al.: Rational description of trickle flow through packed beds Part I: Liquid distribution far from the distributer, Chem.Engng.J. and the biochem.Engng.J.Laus. 48 (1992) 1, S. 49 - 59

[4] MARCHOT, M. et al.: Rational description of trickle flow through packed beds Part II: Radial spreading of liquid

[5] BERGER, B. u.a.: Untersuchungen zum Stoffaustausch und Druckverlust an einer Packung aus Fadenelementen, FFH A 644, 1981, Deutscher Verlag für Grundstoffindustrie

[6] BERGER, B. u.a.: Geordnete Packungen aus Fadenelementen (Aufbau und Hydraulik, FFH A 678, 1983, Deutscher Verlag für Grundstoffindustrie

[7] BERGER, B.: Das Stoffaustauschverhalten von aus Fäden bestehenden Packungen und ihre Bewertung hinsichtlich industrieller Einsatzmöglichkeiten, FFH A 698, 1984, Deutscher Verlag für Grundstoffindustrie

Zum Sieden dispergierter Kältemittel

von Wolfgang Kohler, Freiberg

1. Einleitung und Zielstellung

Das Kühlen von Flüssigkeiten wird üblicherweise in Wärmeübertragern mit einer beide beteiligte Medien trennenden Wand vollzogen. Kristallisierende Lösungen bereiten wegen der starken Ansatzbildung an der gekühlten Wärmeübertragerfläche technische Schwierigkeiten. Häufig wendet man in solchen Fällen die adiabate Vakuumverdampfung an. Mit fallendem Temperaturniveau erreicht man jedoch eine Grenze, die durch die Siedeeigenschaften der Lösung gesetzt ist. Darüber hinaus erlauben die natürlichen Kühlressourcen Luft und Wasser auch nur eine vorgegebene tiefste Kühlendtemperatur. Zur tieferen Abkühlung kann man demnach einerseits keine Vakuumverdampfung mehr einsetzen und muß andererseits einen Kältemaschinenprozeß betreiben, um die Wärme von einem tieferen auf ein höheres Temperaturniveau zu transformieren. Mit diesem Hilfsprozeß kann die der Lösung entzogene Wärme an die Kühlressourcen abgegeben werden.

Da ein Kompressionskältemaschinenprozeß normalerweise auch mit Wärmeübertragern arbeitet, wird nach einer technischen Lösung gesucht, die ohne die üblichen Wärmeübertragerflächen auskommt. Eine Variante ist die unmittelbare Kopplung von Kühl- und Kältemaschinenprozeß, indem ein geeignetes unlösliches Kältemittel im direkten Kontakt mit der zu kühlenden Flüssigkeit siedet. Für das Verfahrensprinzip sprechen die Nutzung der latenten Wärme des Kältemittels und die hohe Intensität des Wärmeüberganges beim Sieden.

In der Literatur findet man Ergebnisse von halbtechnischen Versuchen oder Laborversuchen. NAGASHIMA und YAMASAKI [1] beschreiben die Kühlung einer konzentrierten Sodalösung mit verdampfendem R12 (CCl_2F_2) in einer Rührmaschine, SCHMOK [2] untersucht die Kristallisation aus gesättigten Lösungen der Kaliindustrie mit verdampfendem Methylenchlorid. Analoge Verfahren in speziell gestalteten Apparaten untersuchen CASPER [3] oder STEFAN und STOPKA [4], wobei als Kältemittel R11 (CCl_3F) beziehungsweise RC318 (C_4F_8) verwendet werden. Andere Hinweise von MELZER [5], SMIRNOV [6] oder JOHNSON und Mitarbeitern [7] betreffen die Anwendung dieses Kühlprinzips für die Meerwasserentsalzung beziehungsweise Trinkwassergewinnung, auch unter Bildung von Gashydraten.

Auf eine industrielle Nutzung gibt es keine Hinweise. Zu diesem Umstand trägt sicher bei, daß es in der technischen Realisierung Probleme der Anforderungen an das Kältemittel, der Korrosion, der Kältemittelverluste, der schmiermittellosen Verdichtung und andere gibt. Der bestechendste Vorteil ist der Wegfall zusätzlicher Nichtumkehrbarkeiten beim Übergang der fühlbaren Wärme der Flüssigkeit an das siedende Kältemittel, Nichtumkehrbarkeit wie sie auch bei der Zwischenschaltung von gasförmigen, flüssigen oder festen Wärmeträgern auftreten. Die Minimierung der Triebkräfte und die Annäherung von Siede- und Kondensationstemperatur in einem Kompressionskältemaschinenprozeß ergeben energetische Vorteile.

CASPER [3] stellt als weiteren Vorteil die gleichmäßigere Wärmeentbindung in einem Kristallisator, der nach diesem Prinzip gekühlt wird, heraus. Daraus würde eine engere Korngrößenverteilung bei vergrößerter mittlerer Kornabmessung resultieren. Solche Ergebnisse weisen auch NAGASHIMA und YAMASAKI [1] nach.

Die ersten Etappen eigener Versuche finden in einer Arbeit von KOHLER und SCHMOK [8] ihren Niederschlag. Diese Versuche wurden an einer kontinuierlichen Laborapparatur mit etwa $5 \cdot 10^{-3}$ bis $6 \cdot 10^{-3}$ m^3 Inhalt durchgeführt und waren auf die technische Realisierung des Kühlprinzips orientiert. Es wird der Nachweis erbracht, daß das Kühlverfahren unter Verwendung des in die nähere Auswahl gezogenen Kältemittels R12 funktionstüchtig ist. Gleichzeitig wird abgeleitet, daß die Austragsraten an flüssigem Kältemittel unerwartet hoch liegen und keine bis ins Detail plausiblen Ursachen hierfür angegeben werden können. Das Interesse der Kaliindustrie an energetisch günstigen und technisch zuverlässigen Kühlverfahren ist nach wie vor groß. Darauf weisen DÖRING und andere [9], GRÜSCHOW und LIEBMANN [10], [11] und GEORGI und andere [12] hin.

Eine weitere Richtung der technischen Nutzanwendung dieses Verfahrensschrittes ist das Betreiben eines Clausius-Rankine-Prozesses mit einem Kältemittel als Arbeitsmedium unter Nutzung der fühlbaren Wärme aus geothermalen Wässern zur Erzeugung von Elektroenergie. JACOBS, PLASS und andere [13] untersuchen technische Lösungen für den Kältemittelverdampfer in einer solchen technologischen Aufgabenstellung.

In der vorliegenden Arbeit wird das Ziel verfolgt, mit Hilfe gerichteter Experimente zum Wärmeübergang Hinweise auf ablaufende Mikroprozesse zu erhalten. Damit erst wird man in die Lage versetzt, die Beschreibung des Makroprozesses physikalisch zu begründen und sich von einer rein empirischen Beschreibung zu lösen.

Die mit dem Wärmeübergang in Verbindung stehende Problematik des Kältemittelaustrages ist im notwendigen Umfang in die Untersuchungen einzubeziehen.

Nutzen kann man aus diesen Erkenntnissen erst mit der praktischen Anwendung ziehen. Soweit das aus der Position des erreichten Standes möglich ist, wird der Versuch unternommen, die gefundenen Zusammenhänge für die Anwendung aufzubereiten. Auf noch verbleibende Erkenntnislücken wird aufmerksam gemacht.

In den meisten Fällen haben die Autoren bei Experimenten halogenierte Kohlenwasserstoffe als Kältemittel verwendet. Diese wurden bisher als "Sicherheitskältemittel" angesehen. Für die eigenen Untersuchungen war ursprünglich die Verwendung von Propan vorgesehen gewesen und wegen ernsthafter sicherheitstechnischer Bedenken, die Ausrüstung der Laboratorien ist nicht explosionsgeschützt ausgeführt, verworfen worden. Es ist zu versuchen, die Anwendbarkeit der Ergebnisse für ein ökologisch unbedenklicheres Kältemittel wie z. B. Propan zu beurteilen.

2. Phasenneubildung

Bei der Verdampfung einer Flüssigkeit oder der Kondensation eines Dampfes ist die Intensität des Wärmeüberganges an der Phasengrenze sehr hoch. Man kann nach KAST [14] die Intensität mit Hilfe der kinetischen Gastheorie abschätzen zu

$$\alpha_p = f \frac{\Delta h_V \, p}{\sqrt{2\pi} \, (R\,T)^{\frac{2}{3}} \, T} \tag{1}$$

mit einem Korrekturfaktor f«1. Ein Ergebnis dieser Gl. (1) ist für Wasser bei p = 0,1 MPa $\alpha_p \approx 10^5...10^6$ W/m²K, d.h. der Widerstand nur des Phasenwechsels ist zu vernachlässigen. Den wesentlichen Widerstand bietet die Wärmeleitung in der Flüssigkeit. Bei den meisten Verdampfungsprozessen ist die zu bildende Phase noch nicht vorhanden oder die Entfernung von der Wärmequelle in der Flüssigkeit bis zur Oberfläche und damit der Transportwiderstand zu groß. Es kommt zur Blasenbildung an der Heizfläche. Die physikalischen Vorgänge der Neubildung von Phasen sind weitgehend bekannt [14], [15], [16], [17], [18].

2.1. Homogene und heterogene Keimbildung

Die homogene Keimbildung ist ein statistisch-thermodynamisch determinierter Vorgang. In einer Flüssigkeit treffen durch Fluktuation zufällig Molekeln mit höherer Energie zusammen. Ihre Anzahl ist so groß, daß sie einen Blasenkeim bilden können, der gegen den Blasendruck p_B in

$$\Delta p = p_B - p \geq \frac{2\sigma}{r} \tag{2}$$

stabil ist und wachsen kann. Damit ein solches Ereignis eintreten, d. h. diese Druckdifferenz aufrecht erhalten werden kann, muß die Flüssigkeit über ihren Siedepunkt erwärmt sein. GRADON und SELECKI [19] geben hierfür eine Gleichung von LANDAU und

LIFSCHITZ [20] an. Danach ist die Wahrscheinlichkeit W für die Blasenkeimbildung

$$W = C \exp\left[-\frac{16\ \sigma^3\ T_S^2\ v^2}{3kT\ (T-T_S)^2\ \Delta h_v^2}\right] \tag{3}$$

Für den Exponentialausdruck W/C erhält man in Abhängigkeit von der Überhitzungstemperatur T Werte, die sich schnell um Größenordnungen ändern. SINYZIN [21] verwendet die Döring-Volmersche Gleichung für die statistische Keimbildungshäufigkeit J

$$J = N_1 C_1 \exp\left[\frac{-16\ \sigma^3\ \pi}{3kT\ (p_S-p)^2\ (1-v'/v'')}\right] \tag{4}$$

mit C_1 nach Gleichung (5)

$$C_1 = \sqrt{\frac{6\sigma}{\left[3-(1-\frac{p}{p_S})\right]\pi\ m_M}} \tag{5}$$

und der Masse einer Molekel m_M. Der Exponentialausdruck ist mit dem aus Gleichung (3) offensichtlich identisch, und C aus Gleichung (3) entspricht N_1 mal C_1. Klammert man unmittelbare Nähe des kritischen Punktes einmal aus, so kann man Gl. (4) etwas vereinfachen. Es werden (p_S-p) und (1 - v'/v'')² annähernd eins. Die Gleichung ist in Tabelle 1 unter Verwendung von Näherungspolynomen für die Zustands- und Stoffwerte zahlenmäßig ausgewertet.

Das Sieden unter homogener Keimbildung kann nach diesen Werten nur im Bereich oberhalb der um etwa ΔT = 40 K überhitzten Flüssigkeit stattfinden. Dann erst bilden sich so viele Keime pro Kubikmeter und Sekunde, daß man von einer Blasenverdampfung im technischen Sinne sprechen kann. Nach THORMÄHLEN [18] ist zur Berechnung der maximal möglichen Überhitzung T_{max} J = 10^{36} m^{-3} s^{-1} anzusetzen. Das entspricht nach Tabelle 1 etwa T_{max} = 69 °C. Auch unter Einbeziehung eines kinetischen Effektes, wie Entzug von Energie aus der Umgebung des Keimes und Blockierung dieser Moleküle für eine gleichzeitige Keimbildung oder der Veränderung der Grenzflächenenergie von Partikeln mit wenigen Molekülen, ergibt sich kein anderer Wert der Grenzüberhitzung. Die Stoffwerte für die Gleichungen (4) oder (5) sind nicht immer verfügbar. Deshalb entwickelt SINYZIN [21] mit dem Prinzip der korrespondierenden Zustände eine verallgemeinerte Berechnungsmethode für die maximal erreichbare Überhitzung T_{max}. Für R12 erhält man als Ergebnis T_{max} = 72,6 °C bei p = 0,1 MPa. COLE [15] gibt für eine maximal erreichbare Überhitzung von 0,2 mm R12-Tröpfchen auf T_{max} = 69,1 °C einen Druck von p = 0,193 MPa experimentell ermittelt und p = 0,221 MPa als theoretisch berechnet

Tabelle 1. Keimbildungshäufigkeit J in $m^{-3}s^{-1}$ für R12 bei $T_S = 10\ °C$ nach Gl. (4), vereinfachte Form, in Abhängigkeit von der Überhitzungstemperatur T

T in °C	J in $m^{-3}s^{-1}$
85,0	$6{,}4\ 10^{38}$
82,5	$5{,}7\ 10^{38}$
80,0	$4{,}4\ 10^{38}$
77,5	$2{,}8\ 10^{38}$
75,0	$1{,}3\ 10^{38}$
72,5	$3{,}5\ 10^{37}$
70,0	$4{,}5\ 10^{36}$
67,5	$2{,}0\ 10^{35}$
65,0	$1{,}9\ 10^{33}$
62,5	$1{,}8\ 10^{30}$
60,0	$6{,}6\ 10^{25}$
55,0	$8{,}2\ 10^{9}$
50,0	$1{,}6\ 10^{-24}$
45,0	$6{,}3\ 10^{-97}$
40,0	$3{,}2\ 10^{-258}$

an. Daraus ist zu schlußfolgern, daß die homogene Keimbildung im technisch interessierenden Bereich der Überhitzung $T - T_S \leq 10\ K$ oder nur wenig darüber nicht in Betracht kommt. Im Bereich der technischen Verdampfung muß es sich um heterogene Keimbildung handeln. Es müssen demnach verschiedenste Arten sogenannter "aktiver Zentren" dazu beitragen, daß das Blasensieden mit und ohne feste Heizfläche schon bei den bekannten geringen Triebkräften $T - T_S \leq 10\ K$ beginnt, das heißt durch heterogene Keimbildung.
Wenngleich auch eine Anzahl verschiedener Arten "aktiver Zentren" wie Vertiefungen, Risse, Poren fester Oberflächen, feinste feste Partiekln, gelöste Gase, energiereiche Strahlung und Drucktäler von Schallwellen bekannt und ihre Wirkung nachgewiesen sind [15], [22], [23], so ist doch die Forschung auf diesem Gebiet noch in den Anfängen.
SKRIPOV [23] macht auf eine Besonderheit bei der heterogenen Keimbildung aufmerksam, die für die experimentelle Bestimmung der maximal erreichbaren Überhitzung genutzt wird, aber auch für das Verdampfen von dispergiertem Kältemittel in einer Flüssigkeit von Bedeutung ist. Nimmt man im vorliegenden praktischen Fall an, daß in

einem Volumen von z.b. V = 10^{-6} m³ Kältemittel 10 000 "aktive Zentren" irgendeiner Art vorhanden seien, die eine Verdampfung bei kleiner Triebkraft ermöglichen, so entstehen bei einer Zerteilung dieses Volumens in eine gleichmäßige Tropfengröße von d_T = 100 µm fast 2 · 10^6 Tropfen, von denen bei gleichmäßiger Verteilung etwa in jedem 200. ein "aktives Zentrum" vorhanden ist. (Bei statistischer Verteilung ergeben sich weniger aktivierte Tröpfchen.) Daraus können eine Beeinträchtigung des Siedevorganges und ein zusätzlicher Austrag von flüssigem Kältemittel resultieren.

Interessant ist der Versuch von BLANDER, den THORMÄHLEN [18] zitiert, das Modell der homogenen Keimbildung auf die heterogene anzuwenden. Dabei setzt BLANDER die Keimbildungshäufigkeit nicht der Moleküldichte N_1, sondern $N_1^{2/3}$ proportional, da er die Moleküle an der die flüssige Phase einhüllenden Oberfläche und nicht die Gesamtheit der Moleküle als potentielle Keime ansieht. In Abweichung von BLANDERS Vorschlag wird die bequemer handhabbare Gl. (5) mit den erläuterten Vereinfachungen für den Versuch verwendet, diesen Gedanken zu verfolgen.

$$J_{het} = N_1^{2/3} \sqrt{\frac{3 \sigma}{\pi m_M}} \exp\left(\frac{-16 \pi \sigma^3 F}{3 k T (p_S - p)^2}\right) \qquad (6)$$

Die Größe F drückt eine Verminderung der heterogenen Keimbildungsarbeit gegenüber der homogenen aus. Man erhält eine Möglichkeit, die Größe F aus Meßdaten abzuschätzen (siehe 2.2.).

2.2. Die Rolle der Koagulation von Dampfblasen und Flüssigkeitströpfchen des Kältemittels

In einem gerührten System von zwei nicht löslichen Flüssigkeiten und entstehendem Dampf muß man unabhängig von der Art des Energieeintrages und sowohl bei teilweiser als auch voll ausgebildeter Turbulenz davon ausgehen, daß Flüssigkeit in Tröpfchen zerteilt wird, Dampfblasen sich zerteilen und Tröpfchen und Blasen sich homogen und herterogen vereinigen, d. h. koaleszieren bzw. koagulieren. Ein Koagulieren von Tröpfchen und Blasen macht beim Verdampfen die Keimbildung überflüssig. Die neue Phase ist in dem Moment schon vorhanden. Die im Tropfen und in der umgehenden Flüssigkeit vorhandene fühlbare Wärme wird in Dampf umgesetzt bis der Tropfen verdampft oder die fühlbare Wärme des Tropfens und der unmittelbaren Umgebung erschöpft bzw. das Gebilde aus Blase mit anhängendem Tropfen[1] aufgestiegen und an der Oberfläche zerplatzt ist.

---

[1]) Von SUDHOFF u.a. [24] als "Blapfen" bezeichnet

Blasen und Tropfen unterscheiden sich durch ihren Aggregatzustand, sie stellen unterschiedliche Phasen der gleichen Substanz dar. Die spezifische Grenzflächenenergie zwischen diesen beiden Phasen beträgt bei 10 °C σ = 10,5 · 10^{-3} N/m, [25]. Sie ist damit deutlich geringer als zwischen

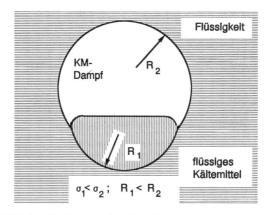

Bild 1. Verdampfender Tropfen

Luft und Wasser bzw. wäßrigen Lösungen mit σ = (74 ... 78) · 10^{-3} N/m, [26]. Kältemitteldampf gegen Wasser und wäßrige Lösungen dürfte ähnliche Werte aufweisen, Meßdaten sind nicht bekannt. Die spezifische Grenzflächenenergie zwischen Wasser und den halogenierten Kohlenwasserstoffen $C_2Cl_3F_3$ (R113) und $C_2Cl_2F_4$ (R114) betragen nach JOHNSON u. a. [7] σ = 45 · 10^{-3} N/m. Da Meßwerte für R12 nicht vorliegen und Messungen unter Druck im Rahmen der Arbeiten nicht möglich waren, wird angenommen, daß der Wert für R12 ähnlich ist. Die Kältemittel sind chemisch verwandt und haben nur wenig unterschiedliche Stoffwerte. Es wird für R12 gegen Wasser und wäßrige Lösungen σ = (45 ... 50) 10^{-3} N/m geschätzt.

Eine Vorstellung von einem verdampfenden Tropfen vermittelt Bild 1. Ein gleiches Aussehen werden Tropfen und Blasen nach der Koagulation haben. Ein solcher "Blapfen" nimmt eine Zwischenstellung zwischen Blase und Tropfen ein und kann diesen Grenzen in Abhängigkeit vom Verdampfungsfortschritt, d. h. vom Volumenanteil der Phasen nahe kommen.

Die Dampfdichte des Kältemittels R 12 beträgt bei 10 °C ϱ_D = 23,8 kg/m³ [25], die Dichte des flüssigen Kältemittels R12 ϱ_{Fl} = 1360 kg/m³. Eine aus einem Tropfen durch vollständige Verdampfung entstandene Blase hat somit etwa den vierfachen Durchmesser.

Das Dispergieren nicht mischbarer Flüssigkeiten wird z. B. von GROSSMANN [28], TANAKA [29] oder LIEPE [30], [31] beschrieben und analysiert. Wesentlichen Einfluß hat die Energiedissipation ε. Die in der Flüssigkeit vorhandenen Tropfen und Blasen des Kältemittels können nach LIEPE [31], MEUSEL [32], CHEN [33] zusammenstoßen und Tropfen mit Tropfen bzw. Blase mit Blase koaleszieren oder Tropfen mit Blasen koagulieren. Dabei laufen die Vorgänge Kollision, Abfließen des Flüssigkeitsfilmes zwischen den Partikeln und Aufreißen der trennenden Flüssigkeitslamelle infolge Fluktuationen ab. Die

Wahrscheinlichkeit ist nach ABRAHAMSON [34], HIGASHIKAMI [35], COULALOGLOU und TAVLARIDES [36], DAS [37] und SCHULZE [38] gering, daß jede Kollision auch zur Koagulation führt. Man kann eine qualitative Aussage zur Koaleszenzfrequenz f_K formulieren und annehmen, daß eine Koagulation von Tropfen und Blasen analog verläuft, Gln. (7) und (8).

$$f_K \sim \bar{\epsilon}^{0,6} \exp(-S\,\bar{\epsilon}^{-0,6}) \tag{7}$$

$$S \sim \eta_c\, \rho_c\, \sigma^{-2} \tag{8}$$

Darin ist die Wirkung elektrischer Doppelschichten nicht enthalten. Diese Aussage wird von LIEPE [30] durch Meßdaten und Ergebnisse anderer Autoren bestätigt. Die schon erwähnte Koaleszenzhemmung durch Zusatz von Elektrolyten wird technisch genutzt, um die Phasengrenzfläche in begasten Flüssigkeiten zu vergrößern. MEUSEL [32] und LIEPE [30] zeigen, daß diese Hemmung schon bei geringen Zusätzen meßbar wird, exponentiell zunimmt und die Effektivität einer Ionenstärke von $I_C = 0,5$ kmol/m³ nur noch etwa 15 % des Wertes der Blasenkoaleszenz in reinem Wasser beträgt. Bei der angegebenen Ionenstärke sind die Dichte und die Zähigkeit gegenüber dem reinen Lösungsmittel kaum verändert.

Die wichtigsten Schlußfolgerungen sind:

1. Die Koagulation von Blase und Tropfen verläuft etwa analog zur Koaleszenz von Blasen und Tropfen untereinander. Blase und Tropfen haben gegenüber Wasser oder wäßrigen Lösungen ähnliche Grenzflächenenergien. Die Tropfen verhalten sich hydrophob.
2. Für die Belange der eigenen Untersuchungen ist im Falle der Koagulation mit der Gültigkeit der Proportionalität der Koagulationsfrequenz $f_{KG} \sim \bar{\epsilon}^a$ mit $a > 0,6$ zu rechnen.
3. Eine Koagulationsbehinderung ist auf zwei Wegen denkbar. Bei geringen Elektrolytkonzentrationen ist eine abstoßende Wirkung der elektrischen Doppelschichten wirksam. Diese abstoßende Wirkung kann durch mechanischen Leistungseintrag überwunden werden.
4. Die zweite Möglichkeit der Koagulationshemmung resultiert aus der in Lösungen höherer Elektrolytkonzentration geringeren Eigenbeweglichkeit der Wassermolekeln infolge Bindung in Hydrathüllen. Makroskopisch äußert sich dieser Sachverhalt in einer zunehmenden Zähigkeit der Lösung. Den qualitativen Einfluß der Zähigkeit auf die Koagulation zeigen die Proportionen (7) und (8).

2.3. Blasenverdampfung

Für das Verdampfen reiner Flüssigkeiten, besonders zur Beschreibung der Intensität dieses Vorganges gibt es eine große Anzahl von Veröffentlichungen. Das klassische Beispiel von NUKIJAMA aus dem Jahre 1934 hat heute immer noch Bestand, [40], Bild 2.

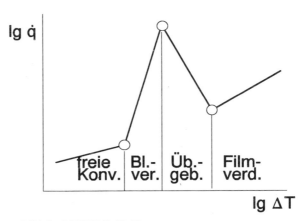

Bild 2. NUKIJAMA-Kurve

Es hat nicht an Versuchen gefehlt, die einzelnen Teilvorgänge der Verdampfung an festen Heizflächen wie Blasenentstehung, Abreißen der Blasen und Aufsteigen von der Heizfläche, Einflüsse der Oberflächenbeschaffenheit mit der "aktivierenden" Wirkung von Vertiefungen u. ä. systematisch zu erfassen. Solche Berechnungsmethoden sind z. B. von GÜSEWELL in [41] zusammengestellt, von MASCHECK [42] einer vergleichenden kritischen Wertung unterzogen oder von THORMÄHLEN [18] analysiert worden. Es ist jedoch bemerkenswert, daß es GUNGOR und WINTERTON [43] gelang, aus fast 3700 Daten von 28 Autoren einen für sieben Flüssigkeiten und fast alle praktischen Fälle anwendbaren Ansatz u. a. über eine nichtlineare Mehrfachregression zu erstellen, der mit einer Abweichung von ± 25 % alle Daten wiedergibt. In dem entwickelten Gleichungssystem fällt der Gleichungsanteil für α_{BS}, den Wärmeübergangskoeffizienten der Blasenverdampfung für freies Sieden, denkbar einfach aus:

$$\alpha_{BS} = 55 \, \Pi^{0,12} \, (-\log \Pi)^{-0,55} \, M^{-0,5} \, \dot{q}_{BS}^{0,67} \quad \text{in W/m}^2\text{K} \tag{9}$$

Eine andere Form dieser Gleichung lautet

$$\dot{q}_{BS} = 1,876 \cdot 10^5 \, \Pi^{0,364} \, (-\log \Pi)^{-1,67} \, M^{-1,52} \, \Delta T^{3,03} \quad \text{in W/m}^2 \tag{10}$$

Darin sind $\Pi = p_S/p_K$ der reduzierte Druck, M die Molmasse in kg/kmol und $\Delta T = T_w - T_s$ das treibende Temperaturgefälle. Der Erfolg der Gleichungen (9) bzw. (10) ist wohl darin begründet, daß die Blasenbildung an technischen Flächen, von wenigen Sonderfällen abgesehen, weitgehend ähnlich verläuft. Der Einfluß der stofflichen Besonderheiten wie

z. B. Siedeverhalten, Verdampfungsenthalpie, Wärmeleitfähigkeit oder Zähigkeit läßt sich über das Prinzip der korrespondierenden Zustände mit dem reduzierten Siededruck Π und der Molmasse M ausdrücken.

Die zahlreichen Bemühungen, mit dimensionslosen Kennzahlen die Anzahl der Variablen zu reduzieren, z. B. in [42] diskutiert, haben die Berechenbarkeit bisher kaum befördert.

Der Wärmeübergang im direkten Kontakt mit Verdampfung wird vorwiegend am aufsteigenden Blasen-Tropfen untersucht. Eine Arbeit von RAINA und WANCHOO [44] widmet sich dem Wärmeübergangskoeffizienten und der Gesamtzeit für die Verdampfung eines aufsteigenden Tropfens.

Eine analoge Arbeit von BATTYA u. a. [45] formuliert diesen Vorgang mit einem Rechnermodell unter Nutzung einer gemittelten Nußeltbeziehung aus Gleichungen anderer Autoren. SUDHOFF u. a. [24] untersuchen das Verdampfen von Butan-, Pentan-, Furantropfen und von Tropfen halogenierter Kohlenwasserstoffe. Berücksichtigung finden Einzeltropfen und "geordnete" Blasenschwärme. Die Ergebnisse aller dieser Untersuchungen beziehen sich auf die sich verändernde aber definierte Grenzfläche flüssig-flüssig oder kontinuierliche Phase-"Blapfen".

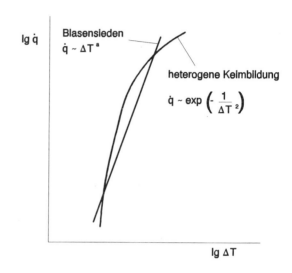

Bild 3. Vergleich der Gln. (12) und (13)

FORTUNA und SIDEMANN [46] ermitteln das Siedeverhalten von Propan im Kontakt mit Wasser in einer Apparatur, die das unabhängige Rühren in beiden Phasen gestattet. In den Versuchen wird maximal so intensiv gerührt, daß die horizontale Phasengrenze nicht aufgehoben wird. Sie ermitteln unter diesen besonderen und die Aussage einschränkenden Bedingungen den Gesamtwärmeübergangskoeffizienten α aus denen für das reine Sieden α_S und die reine Konvektion durch Rühren im flüssigen Propan α_R zu

$$\alpha^3 = \alpha_S^3 + \alpha_R^3 \tag{11}$$

in Anlehnung an eine Gleichung für das Sieden in durchströmten Rohren nach KUTATE-LADSE. Aus veröffentlichten Daten der zitierten Autoren, direkt angegeben oder indirekt zugänglich, geht hervor, daß auch ohne feste Wand die Flüssigkeiten bei Temperaturdifferenzen T_{Fl} - T_S von wenigen Kelvin unter Blasenbildung zu verdampfen beginnen und in dieser Hinsicht kaum ein Unterschied zum Verdampfen z. B. an einer metallischen Oberfläche mit seinen bevorzugten Blasenbildungsstellen besteht. Der Auffassung von BEER und RANNENBERG [47], die das bereits als homogene Keimbildung einordnen, muß widersprochen werden, siehe 2.2.2.
Es liegt deshalb nahe, die typische Abhängigkeit $\dot{q}_{BS}$ = f(ΔT) wie in Gl. (10) mit den Erkenntnissen der heterogenen Keimbildung in Übereinstimmung zu bringen, um sich einen Überblick über den dominierenden Charakter der Blasenbildung zu verschaffen. Zur Nachbildung der realen Bedingungen wird angenommen, daß je ein Keim in einem Volumenelement flüssigen Kältemittels der Kantenlänge d_{Fl} vorhanden ist, aus dem sich beim Verdampfen eine Blase bildet. Die spezifischen Volumina von Dampf und Flüssigkeit ergeben bei R12 eine etwa 3- bis 4-fach größere Blase. So kann man Gl. (5) anders formulieren

$$\frac{\dot{Q}}{V_{KM}\, \rho_{Fl}\, \Delta h_v\, d_{Fl}^3} = N^{2/3} \sqrt{\frac{6\, \sigma}{2\, \pi\, m_M}} \exp\left(\frac{-16\, \pi\, \sigma^3\, F}{3\, k\, Z\, (\Delta p)^2}\right) \tag{12}$$

In den meisten Gleichungen für das Blasensieden ist eine Proportionalität (13)

$$\dot{q}_{BS} \sim \Delta T^{\,(3\,\dots\,3,5)} \tag{13}$$

zu finden oder herzuleiten. Dieser Zusammenhang ist in Gl. (12) so nicht enthalten. Im doppelt logarithmischen Maßstab sind die Funktionen (12) und (13) verschieden, Bild 3. Der Faktor F folgt aus dem Versuch, beide Funktionen durch zwei gegebene Wertepaare $\dot{q}$ = f(ΔT) auszudrücken. F ist offensichtlich auch eine Funktion der Temperatur und wird mit steigender Temperatur größer, um am kritischen Punkt den Wert 1 anzunehmen. (Man muß aber auf die Vereinfachung in Gl. (5) verzichten.)
Aus drei Wertepaaren der eigenen Versuche, Lösung 2 (siehe 3.), wurde in empirischer Anpassung Gl. (14) gefunden:

$$F = 6{,}96 \cdot 10^{-13} \exp\left[-3{,}02 \cdot 10^8 \left(1 - \frac{T}{T_K}\right)^{13{,}45}\right] \tag{14}$$

Tabelle 2: Wertepaare für Gl. (14)

$T - T_S$ in K	$\dot{q}$ in W/m²
5	$3{,}7 \cdot 10^5$
7,5	$1{,}1 \cdot 10^6$
11	$3{,}3 \cdot 10^6$

Die Gültigkeit ist auf $d_{FI} = 10^{-4}$ m, den Stoff R12, die Versuchsbedingungen und den Wertebereich beschränkt. Die Empfindlichkeit der Gl. (14) gegen Veränderungen von d_{FI} ist im getesteten Wertebereich $5 \cdot 10^{-4}$ m $> d_{FI} > 10^{-5}$ m gering. Gl. (12) regt dazu an, den Wärmestrom $\dot{Q}$ auf das Volumen flüssiges Kältemittel zu beziehen. Weiterhin gewinnt man eine präzise Vorstellung vom Einfluß des Keimbildungsmechanismus auf die Intensität der Verdampfung. Hier dominiert eindeutig die Triebkraft als $T - T_S$ bzw. $p - p_S$ von der Temperatur T bzw. dem Druck p und den Stoffwerten. Im Anpassungsfaktor F werden die im Gegensatz zu den festen Heizflächen nicht näher beschreibbaren "aktiven Zentren" berücksichtigt.

Der Zusammenhang ist damit möglicherweise noch nicht vollständig wiedergegeben. Die Fragen des instationären Blasenwachstums sind in den Ausführungen bisher nicht erfaßt worden. Von einigen der zitierten Autoren wird dieser instationäre Vorgang einbezogen. MASCHECK (42) leitet die Blasenwachstumsgeschwindigkeit ab:

$$\frac{d(d_B)}{dt} = 2 \, Nu_B \, \frac{\lambda_{Fl} \, \Delta T}{d_B \, \Delta h_v \, \rho_D} \tag{15}$$

Die Nußeltzahl genügend kleiner Blasen beträgt $Nu_B \approx 2$. Die größte Wachstumsgeschwindigkeit liegt bei der kleinsten, der kritischen Keimgröße vor.

$$d_{BK} = \frac{4 \, \sigma \, T_S}{\Delta h_v \, \rho_D \, (T - T_S)} \tag{16}$$

Daraus folgt

$$\left(\frac{d(d_B)}{dt}\right)_{max} = \frac{\lambda_{Fl} \, \Delta T^2}{\sigma \, T_S} \tag{17}$$

Die Integration der Gl. (15) ergibt

$$d_B = 2\, Nu_B \sqrt{a_{Fl}\, t}\, \sqrt{Ja} \qquad (18)$$

mit der Jacob-Zahl Ja

$$Ja = \frac{\rho_{Fl}\, c_{Fl}\, \Delta T}{\rho_D\, \Delta h_v} \qquad (19)$$

dem Verhältnis von entstehendem Dampfvolumen zu verdampftem Flüssigkeitsvolumen. Diese Kennzahl wird von einigen Autoren wie KRUSHILIN [49], LABUNZOV [50] und in abgewandelter Form von TOLUBINSKIJ [16] als wichtig für das Blasensieden angesehen. In Analogie zur Kristallisation sollte man aber die Frage nach dem geschwindigkeitsbestimmenden Vorgang stellen. Dort werden Wachstum und Keimbildung gegenübergestellt. Ersteres ist nach Gl. (15) etwa linear von der Triebkraft abhängig, die Keimbildung ist nach Gl. (6) eine Exponentialfunktion, die im praktischen Sinne erst bei endlicher Triebkraft größer als Null wird. Eine begrenzende Wirkung des Blasenwachstums tritt an festen Heizflächen erst am Maximum im Bild 2 auf, burn-out-Punkt oder 1. Siedekrisis genannt, und mündet bei immer größerer Triebkraft in die Filmverdampfung. Im Gebiet der Blasenverdampfung, unterhalb der 1. Siedekrisis ist eindeutig die Keimbildung der geschwindigkeitsbestimmende Schritt. Es ist deshalb physikalisch nicht korrekt, die Jacob-Zahl in einer entsprechenden Nußeltbeziehung mit einem solchen Exponenten zu versehen, daß nach entsprechender Umformung $\dot{q}_{BS} \sim \Delta T^{(3...3,5)}$ erhalten wird. Auf diese Weise wird die Keimbildungscharakteristik durch einen Parameter des Wachstums modelliert. Ähnlich wird von anderen Autoren wie KUTATELADZE [51] oder STJUSHIN [17] die charakteristische Abmessung des Ablösedurchmessers d_A, auch ein Parameter des Blasenwachstums, eingesetzt

$$d_A = \sqrt{\frac{\sigma}{g\, \Delta \rho}} \qquad (20)$$

Der Einsatz dieser Beziehungen kann nur dann korrekt sein, wenn Blasen ausschließlich an Stellen aufsteigen, an denen ständig dampferfüllte Poren vorhanden sind. Sie würden die Produktivität dieser Stellen charakterisieren. Das erfordert aber eine künstlich poröse Oberfläche. KUTEPOV [17] gibt für diesen Fall eine geringe Triebkraft von $\Delta T = 0,1$ bis $0,2$ K und einen niedrigen Exponenten der Triebkraft von 1 in $\dot{q}_{BS} = f(\Delta T)$ an. Die Oberfläche ist mit einer metallischen Sinterschicht bedeckt. Hier ist offensichtlich keine Blasenkeimbildung mehr wirksam, die gut wärmeleitende Schicht enthält permanent Dampfanteile, ohne den Wärmefluß einzuschränken. Gegen die Verwendung dieser

Größen Ja und d_A zur Berechnung des kritischen Wärmestromes im Maximum des Bildes 2 und des Wärmeüberganges bei der Filmverdampfung [41] ist nichts einzuwenden.
Aus den angeführten Sachverhalten kann man die Hypothese formulieren, daß ein Exponent von ΔT in der Größenordnung von 3 ... 4 auf einen überwiegenden Einfluß der heterogenen Keimbildung zurückzuführen ist. Die Wirksamkeit einer diskreten Anzahl dampferfüllter Poren ist nicht ausgeschlossen. Ihre Produktivität ist aber individuell und in der Summe so begrenzt, daß das Wärmeangebot damit nicht abgebaut werden kann.
Die Temperatur steigt bis zum Einsetzen der heterogenen Keimbildung, die schließlich zum Ausgleich der Wärmebilanz bei einer bestimmten Wandtemperatur führt.
Man findet gelegentlich Hinweise darauf, THORMÄHLEN [18], daß die von der Stelle einer vollzogenen Blasenbildung ausgehende Druckwelle in der Nachbarschaft die Fluktuation und damit wiederum die Keimbildung im Sinne einer Initialzündung unterstützt. Diese Aussage berührt die schon erwähnte Folge der Vereinzelung eines größeren Flüssigkeitsvolumens im Siedezustand in eine Vielzahl von Tröpfchen von einer anderen Seite. In kleinen Tröpfchen mit einem "aktiven Zentrum" unterbliebe auch diese Initiierung weiterer Keimbildungen, weil kein "benachbartes" Kältemittel vorhanden ist. In schlüssiger Anwendung der Hypothese müßte der Exponent von ΔT in diesem Fall ebenfalls deutlich niedriger sein und in der Größenordnung von 1 liegen. Die maximale Wachstumsgeschwindigkeit nach Gl. (16) ist für R12 und $T_S = 10°C$ in Tabelle 3 angenähert berechnet dargestellt.

Tabelle 3: Rechnerische Abschätzung der linearen Keimwachstumsgeschwindigkeit

ΔT in K	5	7	9	50
$(d(d_B)/dt)_{max}$ in m/s	0,7	1,3	2,2	68

Bei niederen Siedetemperaturen sind die Wachstumsgeschwindigkeiten höher. Mit diesen Geschwindigkeiten wächst die Blase von stabiler Größe. Die Vorgänge bis zur Bildung dieser stabilen Blasengröße sind nicht näher beschreibbar, und es läßt sich nicht angeben, welcher Art und Stärke dabei auftretende Druckwellen sind und wie weit ihr Einfluß auf die Auslösung weiterer Keimbildungen außerhalb der näheren Umgebung von $d = 2\ d_{BK}$ reicht. Nach THORMÄHLEN [18] ist diese Umgebung durch Wärmeentzug bei der Keimbildung für weitere Keimbildung blockiert.
Neben der Wirkung von Druckwellen ist denkbar, daß aufsteigende Blasenschwärme im Falle des nicht agitierten Behälterinhaltes unverdampftes Kältemittel in die wässrige Phase mitreißen und dort der Verdampfungsprozeß durch die Koagulation von Tropfen und Blasen intensiviert wird. Dieser Effekt verstärkt sich mit zunehmender Triebkraft, läßt

sich aber nicht sicher genug vorausbestimmen.

Aus den bisherigen theoretischen Darlegungen zum Siedevorgang kann man zusammenfassend an Schlußfolgerungen und Hypothesen formulieren:

1. Im Gebiet der Blasenverdampfung ist die Keimbildung der geschwindigkeitsbestimmende Vorgang. Das Blasenwachstum spielt eine weit untergeordnete Rolle und wird im Rahmen der für technische Belange üblichen Genauigkeit nicht in die Modellierung einbezogen.
2. Die dominierenden Einflüsse von Blasenkeimbildung und Koagulation von Blasen und Tropfen und deren Bezug auf die Volumeneinheit Kältemittel legen nahe, die Wärmeübertragungsleistung ebenfalls auf die Volumeneinheit flüssiges Kältemittel zu beziehen. Die wirksame Übertragungsfläche ist einer Berechnung kaum zugänglich.
3. Die spezifische Verdampfungsleistung weist den Grundzusammenhang

$$\frac{\dot{Q}}{V_{KM}} = \dot{q} = C\, \Delta T^a \qquad (21)$$

auf. Die Gln. (12) und (14) sind für die Modellierung des technischen Prozesses wenig geeignet.

4. In koagulierenden Blase-Tropfen-Systemen wird eine intensivere Verdampfung stattfinden, da die Koagulation keine Triebkraft für die Phasenneubildung erforderlich macht.
5. Die Verdampfung wird in leicht koagulierenden Blase-Tropfen-Systemen auch ohne zusätzliche Agitation bei gleicher Triebkraft intensiver ablaufen als in koagulationsgehemmten Stoffsystemen (z. B. Elektrolytlösungen). Beim Blasenaufstieg mitgerissenes flüssiges Kältemittel kann mit Dampfblasen koagulieren. Der Exponent in Gl. (21) wird um einen Betrag b vergrößert

$$\dot{q} = C_1\, \Delta T^{a+b} \qquad (22)$$

6. Mit zusätzlicher Agitation geht der Einfluß der Keimbildung zurück, solange das System koagulationsfähig ist. Ein zweckmäßiger Ansatz in Anpassung an die Gln. (7) und (8) kann sein.

$$\dot{q} = C_2\, \epsilon^d\, \Delta T^{(a+b-c/\epsilon^d)} \qquad (23)$$

7. Das Zerteilen des flüssigen Kältemittels führt dazu, daß ein Anteil dieser Tröpfchen keine "aktiven Zentren" enthält und bei geringen Triebkräften nicht verdampfen kann. Der andere Teil der Tröpfchen kann mehrere "aktive Zentren" enthalten, der Flüssigkeitsvorrat ist jedoch begrenzt. Die Intensität der Verdampfung wird dadurch einge-

schränkt, auch wenn Koagulation überlagert ist und die Einschränkung überdeckt wird.
8. In isolierten Tröpfchen entfällt das Initiieren weiterer Keimbildung in der Umgebung einer entstehenden Blase, da diese Umgebung fehlt. Der Exponent der Triebkraft wird, Koagulation mit Blasen ausgeschlossen, in der Größenordnung von 1 liegen.

3. Experimente und deren Auswertung
3.1. Wärmeübertragung beim Sieden
3.1.1. Versuchsaufbau

Der grundsätzliche Aufbau der Versuchsanlage wird in Bild 4 dargestellt. Der isolierte Verdampferbehälter mit einem Innendurchmesser D = 0,226 m und einem Volumen von 0,01 m³ wird mit einem Füllvolumen Wasser oder Lösung von V = 0,006 m³ betrieben. Der Verdampfer ist mit einem Schrägblattrührer von D_3 = 0,06 m in einer Höhe über dem kugeligen Boden von H_{2m} = 0,06 m mit einer Exzentrizität von e = 0,03 m ausgerüstet.

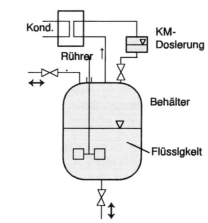

Bild 4. Versuchsaufbau

Die Drehzahl ist variabel. Nach ersten Versuchen werden vier Strombrecher fest eingebaut. Die Lösung wird aus einem Vorratsgefäß entnommen und über ein Meßgefäß zugeleitet. Das flüssige Kältemittel kann mit einem Zwischenbehälter grob dosiert werden. Der Kältemitteldampf wird im Kondensator niedergeschlagen, da ein ölloser Verdichter nicht beschaffbar ist. Die Kälteleistung hierfür wird durch eine Kompressionskältemaschine bereitgestellt. Zur Erwärmung und Druckanhebung des flüssigen Kältemittels vor dem Füllen des Versuchsbehälters dient ein Thermostat, mit dem man den Kondensator beheizen kann.

Als meßtechnische Ausrüstung dienen das Meßgefäß für die Volumenmessung des zu kühlenden Mediums, 2 Mantelthermoelemente von 1 mm Durchmesser im Verdampferbehälter mit Anzeige auf einem y,t-Schreiber, ein Druckmeßgeber für den Verdampferdruck mit Wandler und Registrierung auf einem synchron laufendem zweiten y,t-Schreiber und ein magnetischer Impulsgeber mit elektronischer Wandlung und Anzeige der Rührerdrehzahl. Eine Drehmomentmessung an der Rührerwelle ist wegen der gasdichten Wellendurchführung und der damit verbundenen Meßwertverfälschung nicht vorgesehen. Zu Kontrollzwecken werden die Zu- und Ablauftemperaturen der Lösungen und die Temperatur der Kältemitteldosierung gemessen. Die Temperaturmeßstellen sind gegeneinander abgeglichen.

Zur visuellen Überprüfung der rein mechanischen Vorgänge im Verdampfer wie Dispergieren des Kältemittels und Einsaugen von Luft aus der Flüssigkeitsoberfläche in die Rührzone ist ein druckloser Glasbehälter mit nahezu gleichen Abmessungen vorhanden, $D_{Glas} = 1{,}04\ D_{Stahl}$.

3.1.2. Versuchsdurchführung

Die instationären Abkühlversuche erfordern anfangs eine Bestimmung des Wasserwertes des Verdampfers. Er wird mit einer elektrischen Widerstandsheizung bei dem später verwendeten Füllvolumen und im Rahmen der zu erwartenden Temperaturänderung dT_L/dt bestimmt. Die zu kühlenden Flüssigkeiten sind in Tabelle 4 zusammengestellt. Die Stoffwerte sind nach [52] berechnet bzw. entnommen. Zu Beginn der Versuche wird der Verdampfer evakuiert, gegebenenfalls mehrfach Kältemitteldampf eingelassen und erneut evakuiert und ein bestimmtes Volumen zu kühlender Flüssigkeit in den Verdampfer eingesaugt. Der Druck in dem Verdampfer wird danach auf den Siededruck p_s erhöht, so daß $T_S \approx T_L$ ist. Bei dieser Temperatur befindet sich bereits das flüssige Kältemittel im Kältemitteldosiergefäß und gelangt in den Verdampfer. Mit dem Ventil zum Kondensator kann man über den Dampfstrom die Kühlgeschwindigkeit von Hand regulieren, die auf dem Schreiber sichtbar ist. Ein Teil der Versuche ist darauf orientiert, möglichst geringe Differenzen $T_L - T_S$ (d.h. das Einsetzen der Verdampfung) zu erkunden, was eine sorgfältige Handhabung erfordert. Zum Schluß des Verdampfungsvorganges ändert sich die Lösungstemperatur kaum mehr und bleibt dann konstant, der Druck fällt rapide. Das Ventil zum Kondensator wird geschlossen, die Lösung kann abgelassen und ggf. auf Kältemittelreste untersucht werden, siehe Abschn. 3.2.

Für die Rührversuche im Glasbehälter werden Wasser oder Lösung und CCl_4 verwendet. Die Dichte von CCl_4 hat einen etwas höheren Wert. Die Unterschiede der Grenzflächenenergie der Flüssigkeiten gegen den eigenen Dampf sind größer, so daß man mit einer etwas geringeren Grenzflächenenergie gegen Wasser bzw. die Lösung rechnen kann. Für orientierende Versuche soll das zugelassen werden.

Tabelle 4. Zu kühlende Flüssigkeiten und ihre charakteristischen Stoffwerte

Flüssigkeit	Stoffwert	Maßeinheit	T = 10 °C	T = 20 °C
Wasser	ϱ	kg/m³	1000	998
	η	mPa s	1,29	1,0
	ς	kJ/kg K	4,187	4,187
	λ	W/m K	0,568	0,598
	Pr	-	9,5	7,0
Lösung 1 25 g/l NgCl$_2$	ϱ	kg/m³	1020	1013
	η	mPa s	1,4	1,05
	ζ	kJ/kg K	4,02	4,03
	λ	W/m K	0,578	0,593
	Pr	-	9,7	7,1
Lösung 2 200 g/l MgCl$_2$ und weitere	ϱ	kg/m³	1240	1238
	η	mPa s	4,0	2,97
	ς	kJ/kg K	2,82	2,83
	λ	W/m K	0,414	0,425
	Pr	-	27,3	19,7

3.1.3. Auswertung

Die zum Abkühlen der Lösung notwendige Kälteleistung wird aus

$$\dot{Q} = \frac{(C_L + C_W)(T_{L,-} - T_{L,+}) + C_{KM}(T_{S,-} - T_{S,+})}{2 \Delta t} \tag{24}$$

berechnet. Darin sind C_L und C_W die Wärmekapazität der Lösung bzw. des Wassers, C_W = 2710 J/K der "Wasserwert" der Apparatur und C_{KM} die Wärmekapazität des momentan im Verdampfer befindlichen flüssigen Kältemittels. Zum Ausgleich vieler kleiner

Schwankungen in den Temperaturverläufen und zur bequemen Bestimmung des Anstieges der stetigen Teile mit einem Rechenprogramm wird die Größe

$$\frac{dT}{dt} = \frac{T_{L,-} - T_{L,+}}{2 \Delta t} \qquad (25)$$

näherungsweise aus Differenzen der zurückliegenden und davorliegenden Temperaturen $T_{L,-}$ und $T_{L,+}$ ermittelt. Die Zeitschrittweiten, zu denen die Temperaturen abgelesen werden, liegen im Bereich $\Delta t = 10 \ldots 50$ s. Ein Beispiel für die Temperaturaufzeichnungen und die Beziehungen der Temperaturen ist im Bild 5 gezeigt.

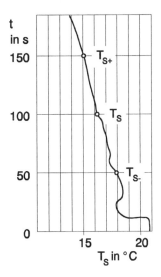 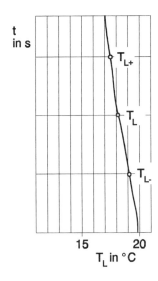

Bild 5. Beispiel für die Temperaturaufzeichnungen

Die momentan im Verdampfer vorhandene Kältemittelmasse wird über schrittweise Bilanzen von der Lösungsendtemperatur $T_L"$ bis zum ersten Versuchswert zurückgerechnet. Um die am Ende des Versuches noch im Verdampfer vorhandene nicht verdampfte Kältemittelmasse zu berücksichtigen, wird hierfür ein aus mehreren Versuchen erhaltener Mittelwert (siehe Abschn. 3.2.) von $m_{KM}" = 0{,}0015$ kg eingesetzt.

$$\dot{q} = \frac{\dot{Q}}{V_{KM}} \quad \text{in W/m}^3 \qquad (26)$$

Schließlich wird die Kühlleistung $\dot{Q}$ auf das aktuelle flüssige Kältemittelvolumen bezogen.

Der spezifische Wärmestrom q̇ wird einer Korrektur unterzogen, da die heterogene Keimbildung auch von der absoluten Temperatur beziehungsweise von der relativen Lage zum kritischen Zustand abhängig ist, Gleichungen (3), (4), (5), (11) und (13). In stark vereinfachter Form ist dieser Sachverhalt in Gleichung (10) in der Form

$$P' = \Pi^{0,364} (-\log \Pi)^{-1,67} \quad \text{mit} \quad \Pi = \frac{p_S}{p_K} \tag{27}$$

der Gleichung (27) enthalten.
Dividiert man den spezifschen Wärmestrom q̇ durch P', so müßte sich die Korrelation zwischen experimentellen und rechnerischen Ergebnissen verbessern. In allen Fällen ergibt diese Korrektur eine geringfügige Verbesserung der Korrelation, die sich jedoch bei einem entsprechenden Test des Vergleichs zweier Korrelationskoeffizienten zum analogen Sachverhalt nach STORM [53] als nicht signifikant erweist. Das Temperaturniveau wurde nur im technologisch relevanten Bereich von T_S = 5 ... 20 °C variiert. (Bei tieferen Temperaturen, besonders bei Wasser müßte man außerdem vor der Eisbildung mit dem Entstehen von Gashydraten rechnen, HAHN (54).) Da sich jedoch neben der geringen positiven Tendenz die COOPERsche Gleichung P' bewährt, wie GUNGOR und WINTERTON [43] an 3700 Daten nachweisen, wird diese Korrektur in die Auswertung einbezogen.
Die mittlere Energiedissipation des Rührers $\overline{\epsilon}_R$ wird generell unter der Annahme voll entwickelter Turbulenz nach LIEPE [31] berechnet. Der Fehler des Leistungsbeiwertes liegt in der Größenordnung von -20 %. Der Einfluß des halbkugelförmigen Behälterbodens ist nicht berücksichtigt.

$$\overline{\epsilon}_R = \frac{C_p\, n^3\, D_2^5}{V_L + V_{KM}} \tag{28}$$

Die mittlere Energiedissipation durch den Blasenaufstieg $\overline{\epsilon}_B$ kann man bei dem geringen statischen Druck im Verhältnis zum Siededruck p_S aus der potentiellen Energie mal Volumenstrom berechnen, d. h. fertig ausgebildete Blasen ändern ihr Volumen während des Aufstiegs nicht mehr.

$$\overline{\epsilon}_B = \frac{\Delta H\, g\, \Delta\rho\, V_D}{m_L + m_{KM}} \tag{29}$$

Als ΔH wird der halbe Flüssigkeitsstand eingesetzt. Der Dampfvolumenstrom V_D ist der Kühlleistung proportional. Beide Werte $\overline{\epsilon}_R$ und $\overline{\epsilon}_B$ werden zu $\overline{\epsilon}$ addiert.
Die Auswerteprozedur der Primärdaten übernimmt ein Rechenprogramm mit dem beschriebenen Algorithmus.
Gl. (25) führt dazu, daß das jeweils erste und letzte Temperaturpaar T_L und T_S eines der

89 Versuche nur für diesen Anstieg verwendet wird und keine Daten $\dot{q}$ und $\bar{\varepsilon}$ ergibt.

Von den verbleibenden über 800 Datensätzen werden die ohne Strombrecher generell und die mit einer weiteren Lösung gewonnenen wegen zu geringer Anzahl ausgeschlossen, so daß schließlich 665 Datensätze mit ΔT, $\dot{q}$, und $\bar{\varepsilon}$ einer Regressionsrechnung unterzogen werden können [70]. Man erhält für die Bedingung $\bar{\varepsilon} \leq 2$ mW/kg, d.h. ohne zusätzliche Agitation

- Wasser:

$$\frac{\dot{q}}{P'} = 0{,}10 \ (T_L - T_S)^{5,4} \quad \text{in kW/m}^3 \qquad (30)$$

- Lösung 1:

$$\frac{\dot{q}}{P'} = 2{,}0 \ (T_L - T_S)^{3,4} \quad \text{in kW/m}^3 \qquad (31)$$

- Lösung 2:

$$\frac{\dot{q}}{P'} = 2{,}0 \ (T_L - T_S)^{3,48} \quad \text{in kW/m}^3 \qquad (32)$$

Es fällt auf, daß sich die Gleichungen (31) und (32) fast decken. Im Bereich $(T_L - T_S)$ = 4,5 ... 5,0 K wurden die niedrigsten Triebkräfte des Siedevorganges ohne Agitation registriert. Hier erst setzt die Blasenverdampfung ein. Somit kann dieser Bereich der Gleichungen (30) und (31) als gemeinsamer Ursprung angesehen werden, siehe Bild 6.

Beide Lösungen sind im Vergleich zu Wasser unter dem Einfluß der geringen Energiedissipation des Blasenaufstiegs koagulationsgehemmt. Beim Verdampfen des Kältemittels in Wasser wird flüssiges Kältemittel von dem Blasenschwarm mitgerissen, koaguliert in der Folge mit Blasen, und so kann die deutliche Verstärkung der Intensität entstehen. Dieses Verhalten ist eine aus-

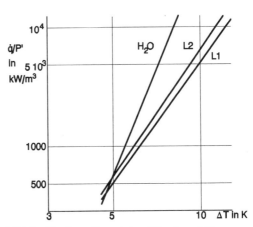

Bild 6. Verdampfungsintensität ohne Rührer

gesprochene Besonderheit des vorliegenden Verdampfungsvorganges des Kältemittels in der zweiten flüssigen Phase.

Der Start des Verdampfungsvorganges wird nicht durch die Rauhigkeiten einer festen Heizfläche begünstigt, wie von COLE [15], THORMÄHLEN [18], JUNGNICKEL [25], PLANK [55] und anderen beschrieben wird. An solchen Heizflächen beginnt die Verdampfung von R12 bei 2 ... 4 K oberhalb der Siedetemperatur. Die Exponenten von ΔT in $\dot{q} = f(\Delta T)$ bewegen sich im Rahmen von 3,0 ... 4,0 an technisch glatten Flächen.

Das von FORTUNA und SIDEMAN [46] untersuchte Verdampfen von Propan auf Wasser zeigt dieses Verhalten nicht. Die an der Phasengrenze wachsenden Blasen steigen in der flüssigen Propanphase auf, die Dichteverhältnisse bewirken den Unterschied. Die Autoren erhalten, allerdings ohne die Korrektur P', $Q/A \sim \Delta T^{2,5}$. Die Verdampfung setzt ebenfalls bei etwa $\Delta T = 4,5 ... 5$ K ein.

Zur weiteren Auswertung werden für eine nichtliniare Mehrfachregression Gleichungen in Anlehnung an die erörterten physikalischen Grundvorgänge entworfen. Die im ersten Schritt erhaltenen Zusammenhänge des Falles $\varepsilon = 0$, Gl (30) bis (32), werden in diese Gleichungen als gegeben eingesetzt, um das Regressionsverfahren zu beschleunigen. In dem eigenen nicht linearen Regressionsverfahren werden geschätzte Parameter (Koeffizienten und Exponenten) der Gleichungen variiert und das rechnerische Ergebnis der Gleichungen mit den experimentellen Ergebnissen des jeweiligen Datensatzes verglichen. Zur Festlegung der weiteren Suchrichtung werden die Verringerung der mittleren relativen Streuung s des Mittelwertes y und die Vergrößerung des Korrelationskoeffizienten r [53] herangezogen.

$$s = \frac{\sqrt{(\sum (y_{EX} - y_{RE})^2)/n}}{(\sum y_{EX})/n} \tag{33}$$

$$r = \frac{\sum y_{EX} y_{RE} - \frac{1}{n} \sum y_{EX} \sum y_{RE}}{(\sum y_{EX}^2 - \frac{1}{n}(\sum y_{EX})^2)^{\frac{1}{2}} (\sum y_{RE}^2 - \frac{1}{n}(\sum y_{RE})^2)^{\frac{1}{2}}} \tag{34}$$

Solange sich die Streuung verringert und die Korrelation verbessert, wird die Vergrößerung bzw. Verkleinerung des jeweiligen Parameters beibehalten. Bei geteilter Tendenz wird die Schrittweite verringert und bei gegenteiliger Tendenz die Suchrichtung umgekehrt.

Im Verlauf der Abarbeitung des Rechenprogramms auf dem Rechner EMG 777 D stellt die Möglichkeit der grafischen Darstellungen im vorliegenden günstigen Fall einer abhängigen Variablen und zweier unabhängiger Variablen der rechnerischen Funktionswerte y_{RE} und der exp. Daten y_{EX} in y_{Re} über y_{EX} und $\dot{q}/P' = f(\Delta T, \bar{\varepsilon})$ eine wesentliche Erleichterung bei der Vorgabe und Veränderung der geschätzten Parameterstartwerte dar (siehe Bilder 7 bis 9). Man erhält zwar bei rein empirischer Anpassung mit beliebigen Funktionen gelegentlich um etwa 5 bis 8 Prozent bessere Korrelationen, der physikalischen Interpretation in halbempirischen Ansätzen wird hier jedoch der Vorzug gegeben. Als Gleichung, die die experimentellen Werte am besten wiedergibt, wird für Wasser bzw. Lösung 1

$$\frac{\dot{q}}{P'} = x_1 \left[\frac{\Delta T (1 + x_2 \bar{\varepsilon}^{x_5})}{B} \right] \left(\frac{A}{1 + x_4 \bar{\varepsilon}^{x_3}} \right) \tag{35}$$

mit

$$B = \left(\frac{x_1}{C} \right)^{\frac{1}{A}} \tag{36}$$

ermittelt. Mit Gl. (36) wird gesichert, daß die Gln. (30) bzw. (31) in Gl. (35) für $\bar{\varepsilon} = 0$ erhalten bleiben.

In Tabelle 5 sind die Parameter A, B, C und x_1 bis x_5 aus den verschiedenen Gleichungen zusammengestellt. Zusätzlich sind Angaben zur statistischen Auswertung mit dem Korrelationskoeffizienten r, der Streuung des Mittelwertes s, der statistischen Test-Größe t nach STORM [53] und der Anzahl der Datensätze n festgehalten.

$$t = \frac{r}{\sqrt{1 - r^2}} \sqrt{n - 2} \tag{37}$$

Die Versuchsergebnisse mit der Lösung 1 können ebenfalls durch die Gleichung (35) gut wiedergegeben werden, wenn auch mit veränderten Parametern. Bei unveränderten Parametern beträgt der Korrelationskoeffizient nur noch r = 0,174, die Streuung s = 4,28 und die Testgröße t = 2,24. Ein Zusammenhang wäre damit zwar statistisch gerade noch nachzuweisen, der Unterschied ist aber signifikant. Für die Auswertung der Ergebnisse mit Lösung 2 muß ein anderer Gleichungstyp als Gl. (35), herangezogen werden.

$$\frac{\dot{q}}{P'} = \frac{x_1}{1 + x_2 \bar{\varepsilon}^{x_3}} \left(\frac{\Delta T}{B} \right)^{A [1 - x_4 (1 - \exp(-x_5 \bar{\varepsilon}))]} \tag{38}$$

Gleichung (38) ergibt eine zufriedenstellende Wiedergabe der Berechnungsergebnisse im Vergleich mit den experimentellen Daten. B ist nach Gleichung (36) zu berechnen. Tabelle 3 enthält die Parameter. Die grafische Darstellung erfolgt als funktionelle Darstellung $\dot{q}/P' = f(\Delta T, \bar{\varepsilon})$, Bilder 7, 8 und 9.

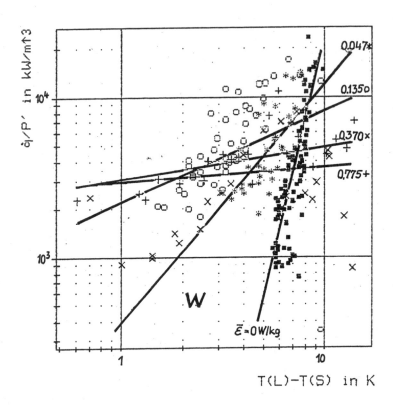

Bild 7. "W" - Versuchsergebnisse der modifizierten Wärmestromdichte in Abhängigkeit vom Energieeintrag $\bar{\varepsilon}$ und der Triebkraft ΔT für Wasser

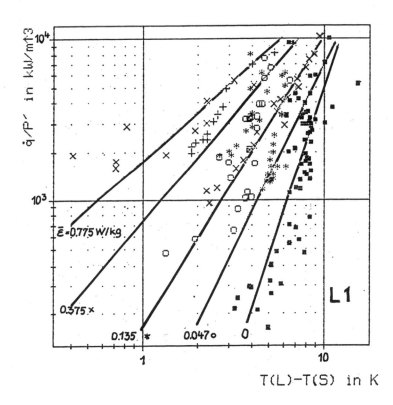

Bild 8. "L1" - Versuchsergebnisse der modifizierten Wärmestromdichte in Abhängigkeit vom Energieeintrag $\bar{\varepsilon}$ und der Triebkraft ΔT für Lösung 1

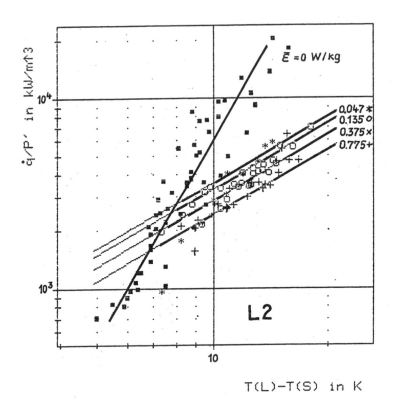

Bild 9. "L2" - Versuchsergebnisse der modifizierten Wärmestromdichte in Abhängigkeit vom Energieeintrag $\bar{\varepsilon}$ und der Triebkraft ΔT für Lösung 2

In diese Bilder sind nur die Punkte aufgenommen, die den in der Legende aufgeführten Werten der Energiedissipation mit einer Toleranz von etwa ± 3 % und bei $\bar{\varepsilon} = 0$ dem Bereich $\bar{\varepsilon} = 0 \ldots 1,5$ mW/kg entsprechen. Die Zuordnung mechanischer Vorgänge im Verdampfervolumen zum Energieeintrag ist in dem Glasbehälter untersucht worden:

Tabelle 5. Ergebnisübersicht, Parameter und statistische Angaben der Berechnungsgleichungen $\dot{q}/P' = f(\Delta T, \bar{\varepsilon})$

Kont. Phase Datensatz Gleichung	Wasser W MSP (35)	Lösung 1 L1 MSP (35)	Lösung 2 L2 MSP (38)
A	5,40	3,40	3,48
B	6,47	8,09	10,48
C	0,10	2,0	2,0
x_1	2397	2442	3000
x_2	0,00281	0,00575	0,00248
x_3	1,103	0,580	0,815
x_4	0,0380	0,519	0,666
x_5	1,507	1,013	0,359
r	0,726	0,586	0,775
s	0,572	0,787	0,462
t	17,3	9,14	18,6
n	272	162	231
Bild:	7	8	9

$\bar{\varepsilon} = 0,047$ W/kg: Das gesamte flüssige Kältemittel ist dispergiert. In Wasser und Lösung 1 ist die Turbulenz voll entwickelt, Re ≥ 10000.

$\bar{\varepsilon} = 0,135$ W/kg: Die Turbulenz in Lösung 2 ist annähernd voll entwickelt. Das Einziehen von Dampfphase in die Flüssigkeit durch Wirbel an den Strombrechern setzt unregelmäßig ein.

$\bar{\varepsilon} = 0,37$ W/kg: Das Einziehen von Dampfphase geht gleichmäßig vonstatten.

Eine Überprüfung der Turbulenzverhältnisse in der Versuchsapparatur anhand der charakteristischen Größen Makromaßstab Λ der turbulenzerzeugenden Einrichtung, Kolmogorov-Maßstab l_D und Sauterdurchmesser d_{32} nach LIEPE [31] ergibt, daß in Wasser und in

Lösung 1 der Trägheitsbereich vorliegt. Die Verhältnisse d_{32}/l_D und Λ/l_D liegen im Bereich $d_{32}/l_D = 11 ... 7$ und $\Lambda/l_D = 110 ... 220$. Mit der Lösung 2 wird das Verhältnis $d_{32}/l_D = 5$ mit d_{32} unterschritten, die Tropfenbildung geschieht durch Wirbel des Dissipationsbereiches. Λ/l_D befindet sich im Bereich $\Lambda/l_D = 60 ... 120$.

Nach LIEPE [31] ist das Turbulenzspektrum in der Versuchsapparatur bei Werten unterhalb der Grenze $\Lambda/l_D = 200$ eingeschränkt.

Über die Siedevorgänge läßt sich aus den Versuchsergebnissen, den resultierenden Gleichungen und deren grafischer Darstellung schlußfolgern:

1. Ohne zusätzlichen Energieeintrag setzt das Sieden des Kältemittels R12 bei etwa $\Delta T = 4{,}5 ... 4{,}8$ K mit $\dot{q}/P' = 340 ... 450$ kW/m^3 ein, siehe Bild 6. Die Meßwerte für die minimale Triebkraft betragen $3{,}2 ... 5{,}5$ K. Die im Kontakt befindliche, spezifisch leichtere kontinuierliche Phase liefert die für die Verdampfung erforderliche Wärme durch ihre Abkühlung.

Bei der angegebenen niedrigst möglichen Triebkraft setzt die Verdampfung vereinzelt, pulsierend und mit geringer Intensität ein. Die Vorgänge beschränken sich auf die relativ stabile Phasengrenzfläche beider Flüssigkeiten. Unterschiede in der Auswirkung der Phasen Wasser oder Lösungen auf den Siedevorgang des R12 sind praktisch nicht vorhanden.

Mit zunehmender Triebkraft wird an der flüssig-flüssig-Phasengrenze die Intensität der Blasenkeimbildung erhöht. Die intensivere Verdampfung fördert die Durchmischung der wärmeliefernden Phase und damit den Wärmenachschub. Die Unterschiede zwischen Wasser und den Lösungen treten um so mehr in Erscheinung, je weiter sich der Verdampfungsvorgang durch Zerteilen der flüssigen Kältemittelphase in die wärmeliefernde Phase verlagert. Der durch die kontinuierliche Phase aufsteigende Kältemitteldampf führt Kältemitteltröpfchen mit, die im Kontakt mit ungekühlter kontinuierlicher Phase überhitzt werden. Im Fall der Koagulation mit Dampfblasen wird die Verdampfung zusätzlich intensiviert. Da die Tröpfchen gegenüber einer kontinuierlichen flüssigen Kältemittelphase in der Blasenkeimbildung behindert sind, fehlt ohne Koaleszenz oder bei deutlich verminderter Koaleszenz dieser Effekt. Lösung 1 und Lösung 2 bewirken gegenüber Wasser eine gleichermaßen erniedrigte Verdampfungsintensität, woraus auf eine Koagulationsbehinderung zwischen flüssigem und dampfförmigem Kältemittel innerhalb der Phasen geschlossen wird.

Der Grundvorgang für das Sieden von R12 im Kontakt mit einer unlöslichen, spezifisch leichteren Flüssigkeit wird unter Ausschuß von Koagulation zwischen Kältemittelblasen und Kältemitteltropfen innerhalb der wärmeliefernden Flüssigkeit durch die Gleichung (31) beschrieben. Der Koeffizient $C = 2{,}0$ und der Exponent $A = 3{,}4$ entstammen aus Tabelle 5 für Lösung 1. Die Gleichung gilt für $4{,}5 \leq \Delta T \leq \Delta T_{1.K.}$ mit der nicht untersuchten Triebkraft für die 1. Siedekrisis $\Delta T_{1.K.}$. Mit Koagulation wird

diese Gleichung mit einem Zusatzterm $(\Delta T/4,5)^2$ ergänzt, mit dem man z.B. die Gleichung (30) erhält. Die Gleichung (32), Lösung 2, oder eine zwischen beiden Lösungen gemittelte Gleichung unterscheiden sich nicht signifikant.
Dieser mit dem Zusatzterm in Gl. (30) beschriebene Intensitätsgewinn gilt nur für das freie Sieden ohne zusätzlichen Energieeintrag an einer solchen Phasengrenze.

2. In Lösung 2 wird im untersuchten Bereich keine Auswirkung von Koaleszenz registriert, Bild 9. Nur fünf von 231 Punkten befinden sich im Gebiet der Geraden $\varepsilon > 0$ W/kg links von den Schnittpunkten mit der Geraden $\varepsilon = 0$ W/kg. Sie sind jedoch aus weiter oben genannten Gründen nicht eingezeichnet. Sie gehören zu einem Versuch. Es ist mehrfach nicht gelungen, Versuchspunkte in diesem Gebiet zu reproduzieren. Alle anderen Versuchspunkte liegen rechts der Geraden $\varepsilon = 0$ W/kg. Die mit dem Eintrag von mechanischer Energie durch Rühren verursachte Zerteilung des flüssigen Kältemittels und Beeinträchtigung des Siedevorganges kommt hier unbeeinflußt, ungestört zur Auswirkung.

In Gl. (38) ist der Exponent der Triebkraft so beschaffen, daß er mit zunehmendem Energieeintrag ε rasch einem konstanten Wert $A/3 = 1,16$ zustrebt. Die Konstanz des Exponenten ist mit dem vollständigen Dispergieren praktisch erreicht. Die weiter zunehmende Energiedissipation führt zu kleineren Tropfendurchmessern

$$d_{32} \sim \varepsilon^{-\frac{1}{3}} \tag{39}$$

und hat eine Verkleinerung des Tropfenvolumens $V_T \sim d^3_{32}$ zur Folge.

$$V_T \sim \frac{1}{\varepsilon} \tag{40}$$

So erhält man, vollständiges Dispergieren vorausgesetzt Gl.(41)

$$\frac{\dot{q}}{P'} = \frac{C_1}{1 + C_2 \, V_T^{-0,82}} \, \Delta T^{1,16} \tag{41}$$

oder angenähert Gl.(42)

$$\frac{\dot{q}}{P'} \sim V_T^{0,82} \, \Delta T^{1,16} \tag{42}$$

Mit dem vollständigen Dispergieren nimmt ein erhöhter Anteil flüssigen Kältemittels nicht mehr am Blasensieden teil, weil eine zunehmende Anzahl von Tropfen kein aktives Zentrum enthält, und die Initiierung weiterer Keimbildung in der Umgebung einer entstehenden Blase entfällt. Für diese Aussage spricht der Umschlag von $\dot{q}/P' \sim$

$\Delta T^{3,4}$ bei $\bar{\varepsilon} = 0$ auf $\dot{q}/P' \sim \Delta T^{1,16}$ bei $\bar{\varepsilon} > 0,04$ W/kg.

Das Tropfenvolumen in Gl. (39) wird mit steigender Energiedissipation kleiner. Wenn ein aktives Zentrum enthalten ist, wird die zum Verdampfen benötigte Wärmemenge proportional ebenfalls geringer. Der Zusammenhang zwischen spezifischem Wärmestrom und Tropfenvolumen ist nahezu linear. In einzelnen Versuchen wurde Salz auskristallisiert. Ein Einfluß auf den Verdampfungsvorgang konnte nicht festgestellt werden.

3. Diesen Vorgängen überlagert sich bei koagulationsfähigen Systemen das Zusammenfließen überhitzter, unverdampfter Kältemitteltropfen mit Dampfblasen. In diesem Fall läuft die Verdampfung des flüssigen Tropfeninhalts ohne Keimbildung ab. Wasser als kontinuierliche Phase zeigt ein ausgeprägtes Koagulationsvermögen, Bild 7 und Gl. (35). Durch Rühren wird die Intensität des Wärmetransportes wesentlich erhöht. Das Kältemittel verdampft schon bei niedrigen Triebkräften ab $\Delta T \approx 1$ K. Die Triebkräfte müssen nur noch so groß sein, daß der Wärmefluß aus der umgebenden kontinuierlichen Phase ausreichend ist. Eine höhere Triebkraft beschleunigt bei reiner Koagulation den Einzelvorgang der Tropfenverdampfung, aber nicht den Gesamtvorgang, da das Tropfenvolumen und die Anzahl der verdampfenden Tropfen begrenzt sind. Diese Limitierung bildet den Hauptwiderstand. Man kann zu Beginn der Versuche mit $0,01 < \bar{\varepsilon} < 0,135$ W/kg beobachten, daß erst eine höhere Triebkraft von 4 bis 6 K aufgebracht werden muß, um den Verdampfungsvorgang auszulösen. Danach kann die Verdampfung bei geringeren Triebkräften ablaufen. Sobald Dampfphase über Wirbel in die Flüssigkeit eingetragen wird, entfällt diese Schwelle. Das ist der Fall für $\bar{\varepsilon} > 0,370$ W/kg. Die Behinderung des freien Siedens durch das Dispergieren wird dadurch erkennbar, daß Schnittpunkte der Kurven $\bar{\varepsilon} > 0$ mit der für $\bar{\varepsilon} = 0$ existieren.

4. Die Ergebnisse der Versuche mit Lösung 1, Bilder 6 und 8, weisen zwar auf fehlende Koaleszenz beim freien Sieden ohne zusätzlichen Energieeintrag hin, mit Energieeintrag ist jedoch Koaleszenz festzustellen. Die beim statistischen Vergleich festgestellten Abweichungen zeigen eine niedrigere spezifische Wärmestromdichte für Lösung 1. Eine Koaleszenzhemmung ist, wie schon erörtert wurde, vorhanden, sie kann aber durch zusätzlichen Energieeintrag teilweise überwunden werden. Der zurückgedrängte Einfluß der Koaleszenz auf den spezifischen Wärmestrom kommt am deutlichsten in dem niedrigeren Exponenten $x_3 = 0,58$ gegenüber $x_3 = 1,1$ für Wasser zum Ausdruck

5. Tendenziell decken sich die Aussagen aus der Literatur zu Einzelvorgängen und die daraus abgeleiteten Schlußfolgerungen mit den durch die Auswertung aufgefundenen Zusammenhängen. Es ist nicht möglich und wäre sicher auch nicht zweckmäßig, die Auswertemodelle in strengerer Anlehnung an physikalische Einzelvorgänge aufzustellen. Die Komplexität der Überlagerung ergäbe eine unzulässige Anzahl von Parametern. Die Übersichtlichkeit für die praktische Anwendung der Gleichungen darf nicht

verlorengehen. Die vorgeschlagenen Gleichungen (35) und (38) beschränken sich auf die wichtigsten Variablen. Sie geben die sich überlagernden Grundvorgänge heterogene Blasenkeimbildung, Koagulation und Vereinzelung des flüssigen Kältemittels in integraler Form wieder. Die relative Streuung s der Mittelwerte bewegt sich in den Grenzen $0{,}46 < s < 0{,}79$, das gewogene Mittel der relativen Streuung aller 665 in die Auswertung einbezogenen Versuchspunkte beträgt $\bar{s} = 0{,}586$. Als Ursache für diesen relativ hohen Wert kann man die Überlagerung der drei stochastisch dominierten Grundvorgänge ansehen.

3.1.4. Vergleich mit analogen Ergebnissen

Ein direkt vergleichbares Ergebnis liegt nur von NAGASHIMA und YAMASAKI [1] vor. Die Autoren kühlen eine konzentrierte Sodalösung durch im direkten Kontakt verdampfendes R12 und kristallisieren NaOH $-3{,}5H_2O$ aus. Zur Charakterisierung des Wärmeübertragungsvorganges berechnen sie die auf das flüssige Gesamtvolumen und die Temperaturdifferenz $\Delta T = T_L - T_S$ bezogene Kühlleistung. Aus den Angaben zum Kältemittel - holdup und zur Triebkraft kann man $\dot{q}$ berechnen. Jedoch ist nur für einen von 15 veröffentlichten Versuchspunkten die Lösungstemperatur angegeben, um $\dot{q}/P'$ berechnen zu können. Zum Energieeintrag ist lediglich vermerkt, daß ein horizontales Rührwerk verwendet wird. Dieser Versuchspunkt ist in Bild 9 eingezeichnet und zeigt eine gute Übereinstimmung mit den eigenen Ergebnissen, zumal die weiteren 14 Versuchspunkte ähnliche Werte aufweisen.
NAGASHIMA und YAMASAKI schätzen darüber hinaus ein, daß ihr volumetrischer Wärmeübergangskoeffizient $\alpha_v = \dot{Q}/(V_L\,T)$ bei vergleichbaren mittleren Verweilzeiten der Flüssigkeit in der Größenordnung von $\bar{t} = 1800$ s etwa die gleichen Werte aufweist wie bei der Nutzung der sensiblen Wärme eines nichtlöslichen Wärmeträgers.
Diese Aussage ist trivial. Bei einem gegebenen Durchsatz an Lösung V_L und einer aufgrund der Kristallisationskinetik geforderten mittleren Verweilzeit der Lösung t ergibt sich das hierfür erforderliche Lösungsvolumen $V_L = \dot{V}_L\,t$.
Weiterhin liegt in beiden Fällen ein nicht koagulationsfähiges System vor. Die Triebkraft für den Verdampfungsprozeß bewegt sich bei den beiden Autoren im Bereich von 4 bis 7 K. In diesem Bereich kann man nach SCHMIDT in [41] auch angenähert Werte der mittleren Triebkraft ΔT_m für den Direktkontakt-Wärmeübertrager ohne Phasenwechsel erwarten. Die Rückvermischung am Austritt der diskontinuierlichen Phase führt zu einem spürbaren Triebkraftverlust. Unterschiede in der energetischen Bewertung werden im Abschnitt 4.3. erörtert.
Eine völlig anders gelagerte teilweise Analogie kann man zur Desorption von CO_2 aus Wasser [56] bzw. wässrigen Elektrolytlösungen [57],wie sie von HIKITA und KONISHI

beschrieben wird, ableiten. Diese Autoren ermitteln für den Fall der Desorption in einem Rührbehälter eine Abhängigkeit des desorbierten Gasstromes $\dot{m}_{CO2}$ in drei verschiedenen Regimen, stille bzw. Oberflächen-Desorption ohne Blasenbildung, Desorption mit geringer Blasenbildung und Desorption mit starker Blasenbildung. In Abhängigkeit von der Übersättigung ($c - c_s$) geben sie im Gebiet geringer Blasenbildung

$$\dot{m}_{CO_2} \sim (c - c_s)^{1,4} \tag{43}$$

und im Gebiet starker Blasenbildung

$$\dot{m}_{CO_2} \sim (c - c_s)^{3,2} \tag{44}$$

an. Der Unterschied zwischen beiden Proportionalitäten läßt sich als Desorption mit geringer Intensität ohne Initiierung weiterer Blasenbildung in der umgebenden Flüssigkeit einerseits und hoher Intensität mit Initiierung einer verstärkten Desorption in der umgebenden Flüssigkeit andererseits interpretieren.
Die Proportionalität (43) entspräche somit Gleichung (38) $\bar{\varepsilon} = 0$, allerdings ohne den Effekt der Vereinzelung der Flüssigkeit, die Proportionalität (44) entspräche Gleichung (31). Der Energieeintrag wird von HIKITA und KONISHI [56] im Bereich $\bar{\varepsilon} = 0 ... 0,05$ W/kg variiert. Die obere Grenze reicht gerade in das Gebiet voll entwickelter Turbulenz. Der Umschlagspunkt verschiebt sich mit zunehmendem Energieeintrag zu etwas geringeren Werten der Triebkraft ($c - c_s$). Die Elektrolytlösungen mit Ionenstärken von $I_c = 0,125$ bis 2,0 kmol/m^3 [56] verhindern die Koaleszenz der gebildeten Blasen, die Phasengrenzfläche ist größer, der desorbierte Gasstrom erhöht sich. Dieser Zusammenhang ist bekannt und weiter oben bereits erörtert worden. Hierin war keine Analogie zu erwarten. Auf die Exponenten in den Proportionalitäten (43) und (44) wirken sich die Elektrolytgehalte nicht aus.

3.2. Kältemittelrückgewinnung
3.2.1. Versuche zur Bestimmung der Kältemittelrestmengen

Das Ziel dieser Versuche besteht darin, eine Orientierung über die in der kontinuierlichen Phase vorhandenen Kältemittelmengen zu erhalten. Schon in den allerersten Ergebnissen von KOHLER und SCHMOK [8] wurde bemerkt, daß nach der Entspannung auf Umgebungsdruck noch deutlich mehr Kältemittel enthalten ist als der physikalischen Löslichkeit entspricht. Zu Letzterem liegen Meßergebnisse von HAHN [54], auch in [8] zitiert, vor. Die Versuche wurden mit einer denkbar einfache Laborapparatur, Bild 10, durchgeführt. In einem Rundkolben 1 von einem Liter Inhalt befindet sich die Kältemittelreste enthaltende Lösung. Der Kolben ist beheizbar. Das mit der Erwärmung der Flüssigkeit entweichende dampfförmige Kältemittel wird in einem getauchten Behälter bei Raumtemperatur und Umgebungsdruck aufgefangen. Das Kältemittelvolumen ist ablesbar. Um die thermische Ausdehnung im Rundkolben zu kompensieren, wird nach Beendigung der Desorption des R12 der Kolben auf die Anfangstemperatur zurückgekühlt.

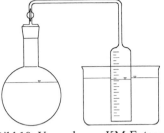

Bild 10. Versuche zur KM-Entgasung

Bei der Löslichkeitsuntersuchung des R12 in Wasser und Lösungen war von HAHN [54] festgestellt worden, daß der Stoffübergang an ruhenden Oberflächen sehr langsam vonstatten geht. Das ist ein Anzeichen dafür, daß der geschwindigkeitsbestimmende Widerstand in der flüssigen Phase liegt. Damit ist die Wahrscheinlichkeit, daß sich Kältemitteldampf während der Volumenmessung und während der Abkühlphase in der Sperrflüssigkeit des Auffangbehälters oder im Kolbeninhalt wieder löst, gering. Auch beim Stehenlassen am Ende eines Desorptionsversuches ändert sich das Volumen im Meßgefäß nur unmerklich.

Während der Desorption ist ein deutliches knisternd-prasselndes Geräusch im Kolben vernehmbar. Wenn man den frisch gefüllten Kolben in der Hand hält, spürt man geringfügige Erschütterungen des Kolbens. Das Geräusch verschwindet, wenn die Temperatur der Lösung oder des Wassers etwa $T_L = 69 \pm 1$ °C erreicht. In dem Moment ist auch die Volumenzunahme im Auffanggefäß beendet.

3.2.2. Auswertung und Vergleich mit dem Erkenntnisstand

Diese auffällige Temperatur deckt sich mit der Grenze der maximalen Überhitzbarkeit von flüssigem R12. Die Geräuschentwicklung beschreibt auch COLE [15], indem er SINICYN zitiert. Sie wird auf explosionsartiges Verdampfen von R12-Tröpfchen zurückgeführt. Damit erklärt sich auch die deutliche Differenz der gemessenen R12-Gehalte zu dem physikalisch maximal Lösbaren in Tabelle 6.
Eine Abhängigkeit der restlichen Kältemittelmengen von der Temperatur oder dem Energieeintrag ist nicht feststellbar. Die Kältemittelrestmenge hängt eher davon ab wie lange am Ende des Verdampfungsversuches auf der Lösungstemperatur T_L'' verharrt wird bis die Lösung abgelassen und der Kolben gefüllt wird. Diese Zeitspannen liegen zwischen 100 und 500 s. Sie hängt weiter davon ab, ob das Rührwerk bei Erreichen von T_L'' abgeschaltet wird. Bei eingeschaltetem, schnell laufenden Rührwerk und kurzer Wartezeit werden die höchsten Restmengen festgestellt.

Tabelle 6. Kältemittelrestmengen einzelner Versuche

Versuch Nr.	Kont. Phase	T in °C	ε mW/kg	$(m_{KM}/M_L)_{ef}$ g/kg	(m_{KM}/m_L) g/kg
356 150	L2	13,9	3,6	0,77	0,10
376 150	L2	12,0	3,6	1,12	0,11
358 200	L2	9,5	8,6	0,97	0,13
350 250	L2	7,7	22,6	3,42	0,14
351 350	L2	10,3	46,1	0,94	0,12
354 750	L2	12,3	455,0	0,13	0,11
380 900	L2	10,6	785,0	3,83	0,12
160 250	Wasser	9,3	22,6	1,43	0,58
162 450	Wasser	11,0	98,1	1,43	0,53
168 500	Wasser	14,0	135,0	1,91	0,46
164 750	Wasser	12,2	455,0	1,68	0,50
170 750	Wasser	14,2	455,0	1,89	0,45
172 750	Wasser	20,8	455,0	1,48	0,33
215 000	L3[2])	13,1	0	0,43	0,085
217 200	L3	13,6	8,6	0,30	0,082
220 230	L3	10,7	13,1	4,95	0,10
218 270	L3	9,8	21,2	0,96	0,11
216 350	L3	13,5	46,1	2,56	0,082
219 500	L3	12,4	135,0	4,38	0,088

Für die Technologie des Kühlverfahrens sind diese Zusammenhänge jedoch weniger relevant. Es ist nur interessant, daß die Kältemittelrestmengen teils aus physikalisch gelöstem R12 und zum Teil aus schwer verdampfbarem flüssigen R12 bestehen. Die physikalisch gelöste Menge kann über der Sättigung liegen, da das System zuvor unter 1,5 bis 2-fach höherem Druck steht. Hinweise auf flüssige Kältemittelreste findet man bei SCHMOK [2] und in einer Arbeit [7] von JOHNSON u. a., die sich mit der Abtrennung solcher Tröpfchen mittels Hydrozyklonen im Rahmen eines Hydratverfahrens zur Trinkwassergewinnung beschäftigt.

---

[2]) Lösung mit ca. 350 g/l MgCl; einzelne orientierende Versuche, die in die übrige Auswertung nicht einbezogen sind.

4. Schlußfolgerungen für den technischen Prozeß
4.1. Dimensionierung des Verdampferapparates

Die Versuche zum Wärmeübergang sind so angelegt, daß sie ausschließlich der Analyse der ablaufenden Mikroprozesse dienen. Eine technologische Ähnlichkeit der Experimente war nicht beabsichtigt. Daher ist es notwendig, auf wesentliche Elemente der Übertragung der wärmephysikalischen Ergebnisse in eine technologische Nutzung gesondert hinzuweisen. Das ist nicht vordergründig ein Problem der Übertragung vom Labormaßstab in den industriellen Maßstab, sondern vom instationären Laborversuch in einen kontinuierlichen technologischen Prozeß. Eine annähernd vollständige ökonomische Einschätzung des Kühlverfahrens müßte an eine konkrete Aufgabe und den dazugehörigen Standort angepaßt sein und erfordert mindestens den Entwicklungsstand abgeschlossener Versuche in einer Pilotanlage. Schließlich muß auf Probleme hingewiesen werden, die im Verlaufe einer weiteren Bearbeitung zu beachten und zu lösen sind.

Die Besonderheiten, die es bei der Dimensionierung des Verdampfers zu beachten gilt, resultieren aus den zu erfüllenden wesentlichen Funktionen. Das sind die Kühlung der Lösung durch das verdampfende Kältemittel und die Kristallisation eines Salzes in einer Suspension infolge der Kühlung. Die Kristallisation erfordert in Anbetracht der niedrigen Temperaturen im Bereich von 20 °C bis 0 °C eine erhöhte mittlere Verweilzeit[3]). Die mittlere Verweilzeit hängt vom jeweiligen System Salzkomponenten-Lösungsmittel ab und beträgt für typische Aufgaben der Kaliindustrie nach Angaben von GRÜSCHOW und Mitarbeitern [11] $t = 1800$ s und mehr.

Das Lösungsvolumen $V = \dot{V}/t$ im Verdampfer ist eindeutig durch die Kristallisation bestimmt. Der Verdampfungsprozeß ist um Größenordnungen intensiver und deshalb nicht der geschwindigkeitsbestimmende Schritt. Unterschiede zwischen denkbaren Kühlverfahren sind lediglich in der Gestaltung zu erwarten wie die Stabilität gegen Vakuum, ein druckloses Verfahren oder in der vorliegenden Variante die Verwendung von Druckbehältern. Sobald Verdampfungsprozesse zur Kühlung genutzt werden, muß man den statischen Druck der Flüssigkeit möglichst niedrig halten. Die dem statischen Druck äquivalente Temperaturdifferenz kann nicht mehr nutzbar gemacht werden, geht als Triebkraft verloren und bedeutet Entropieerzeugung.

---

[3]) Die Eigenbeweglichkeit der Molekeln nimmt mit der Temperatur ab, damit verringert sich der Diffusionskoeffizient analog. Im Gebiet stark verdünnter Lösungen sind die Verhältnisse noch übersichtlich darstellbar, in gesättigten Salzlösungen erfordern die Hydratation der Ionen, der Einfluß der Viskosität und die Bremsung der Ionen durch Elektrophorese Korrekturen, [52]. Eine geschlossene Vorausberechnung gelingt deshalb noch nicht. Darüber hinaus ist auch die Einbaureaktion der Ionen in das Kristallgitter langsamer.

Diesem Problem kann man mit einem liegenden Verdampfer teilweise begegnen. Man findet auch Vorschläge für die Gestaltung in Form vieler flacher in einem zylindrischen Behälter übereinander angeordneter Stufen mit Überlauf, z. B. JACOBS u. a. [13]. Diese letzte Variante wird jedoch der Forderung nicht gerecht, das Kristallisat ständig in suspendiertem Zustand zu halten. Diese Forderung ist nur mit einem Rührwerk zu realisieren. Die aus dem Blasenaufstieg resultierende mittlere Energiedissipation von $\varepsilon = 0{,}0005$ bis $0{,}001$ W/kg reicht dazu nicht aus. Auf der Basis homogener Durchmischung einer kontinuierlich durchströmten Rührmaschine lautet die Kältemittelbilanz

$$\dot{m}_{KM\,FL}'' = \dot{m}_{KM\,Fl}' - \dot{m}_{KM\,D} \qquad (45)$$

Es muß soviel Kältemittel $\dot{m}_{KMFl}'$ zulaufen, daß einerseits der beim Verdampfen zu erzeugende Dampfmengenstrom $\dot{m}_{KMD}$ gebildet werden kann und andererseits ein Überschuß an flüssigem Kältemittel $\dot{m}_{KMFl}''$ vorhanden ist, der die Wärmeübertragungsfläche bildet und die Prozeßstufe unverdampft verläßt. Die momentan in der Stufe befindliche, die Übertragungsfläche bildende Kältemittelmasse m_{KMFl} folgt aus

$$m_{KM\,Fl} = \dot{m}_{KM\,Fl}'' \, \bar{t} \qquad (46)$$

Die mittlere Verweilzeit $\bar{t}$ wird, wie weiter oben erörtert, durch die Kristallisationskinetik diktiert. Aus den Gleichungen (45) und (46) folgt

$$m_{KM\,Fl} = (\dot{m}_{KM\,Fl}' + \dot{m}_{KM\,D}) \, \bar{t} \qquad (47)$$

Die Kühlleistung des Prozesses entspricht der Abkühlung der Flüssigkeit

$$\dot{Q} = (\dot{m}_L \, c_L + \dot{m}_{KM\,Fl}'' \, c_{KM\,Fl}) \, (T_L' - T_L'') \qquad (48)$$

der Wärmeübertragung

$$\dot{Q} = \dot{q} \, V_{KM\,Fl} \qquad (49)$$

und der Verdampfung

$$\dot{Q} = \dot{m}_{KM\,D} \, \Delta h_v \qquad (50)$$

Aus den Gln. (48), (49) und (50) folgt

$$\dot{Q} = \frac{\dot{m}'_{KM\,Fl}}{\dfrac{\rho_{KM\,Fl}}{\dot{q}\,\bar{t}} + \dfrac{1}{\Delta h_v}}\,, \tag{51}$$

und unter Einbeziehung von Gl. (48) mit der Vereinfachung

$$\dot{m}_{KM\,Fl}\,c_{KM\,Fl} \ll \dot{m}_L\,c_L \tag{52}$$

erhält man mit Gl. (53)

$$\dot{m}'_{KM\,Fl} = (T'_L - T''_L)\,\dot{m}_L\,c_L\left(\frac{\rho_{KM\,Fl}}{\dot{q}\,\bar{t}} + \frac{1}{\Delta h_v}\right) \tag{53}$$

die Gleichung zur Berechnung des notwendigen Kältemittelstromes in einer Stufe. Darin sind die Größen technologisch vorgegeben, sind Stoffwerte oder wie t durch die Kristallisation bestimmt. q̇ ist nach Gl. (35) oder (38) je nach der Art der kontinuierlichen Phase m_L in Abhängigkeit von vorzugebenden Werten $\Delta T = T_L" - T_S$ und ε zu berechnen. Den Überschuß an Kältemittel $\dot{m}_{KMFl}"$ berechnet man nach Gl. (54), die sich aus den Gln. (45), (49) und (50) ergibt:

$$\dot{m}''_{KMFl} = \dot{m}'_{KMFl}\left(1 - \frac{1}{\dfrac{\Delta h_v\,\rho_{KMFl}}{\dot{q}\,\bar{t}} + \dfrac{1}{\Delta h_v}}\right) \tag{54}$$

Fügt man an diese Stufe eine weitere an, die dampfseitig direkt verbunden ist und bei gleichem Druck arbeitet, dann kann von diesem Überschuß ein Teil mit entsprechendem Kühleffekt verdampft werden. Der dabei auftretende Kühleffekt ist mit Gl. (53), nach (T_L' - $T_L"$) umgestellt, zu berechnen.

$$T'_L - T''_L = \frac{\dot{m}''_{KMFl}}{\dot{m}_L\,c_L\left(\dfrac{\rho_{KMFl}}{\dot{q}\,\bar{t}} + \dfrac{1}{\Delta h_v}\right)} \tag{55}$$

Zu beachten ist, daß für q̇ nun T_S festgelegt und $T_L"$ noch nicht bekannt ist, so daß die Lösung nur iterativ gelingt. Der verbleibende Überschuß ergibt sich unter Verwendung der Gl. (54).
Auf diese Weise erhält man einen für die flüssigen Phasen zweistufigen Prozeß, dessen gesamte mittlere Verweilzeit $t = t_1 + t_2$ der Kristallisationskinetik angepaßt sein muß und

der einen geringen Überschuß an flüssigem Kältemittel aufweist. Diese Grundidee, die man auf weitere Stufen ausdehnen kann, ist vom Autor und weiteren Mitautoren in einem Patent [58] niedergelegt. Im folgenden wird ein Kühlprozeß, der bei einer einheitlichen Siedetemperatur abläuft und in einzelne Rühr- bzw. Verdampfstufen unterteilt werden kann, als Kühlstufe bezeichnet.

Gestaltet man die Abkühlung einer Lösung von z.b. 26 °C auf 5 °C als Kaskade von drei Kühlstufen mit einer Abkühlspanne von jeweils 7K, Bild 11, so interessiert die Frage, ob und wie weit man die Kühlstufen in Verdampfungsstufen aufteilt. Bestehen die erste und zweite Kühlstufe nur aus einer Verdampfungsstufe, so wird der Kältemittelüberschuß auf den jeweils niederen Druck der nachfolgenden Kühlstufe entspannt und von diesem Niveau aus verdichtet und danach bei T_K kondensiert.

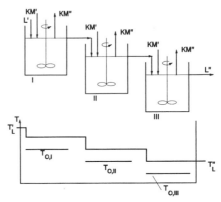

Bild 11. Dreistufiges Kühlverfahren

Mit Erniedrigung des Druckniveaus der Verdampfung (p_o, T_o) sinkt die Leistungsziffer des jeweiligen Kältemaschinenprozesses. Der Zusammenhang ist für den Carnot-Prozeß als idealem Vergleichsprozeß besonders einfach darstellbar.

$$\epsilon_C = \frac{T_0}{T_K - T_0} \tag{56}$$

Sinkende Leistungsziffer ϵ_C ist gleichbedeutend mit steigendem Verdichtungsaufwand bei gleicher Kühlleistung.
Die Antwort auf die Frage nach der Anzahl der Kühlstufen ist abhängig vom Anteil $\varphi = m_{KMFl}''/m_{KMFl}'$ und dem Ergebnis einer genaueren ökonomischen Vergleichsrechnung. Beträgt der Anteil z. B. $\varphi \geq 0{,}2$, kann eine Unterteilung in Verdampfungsstufen notwendig werden. Handelt es sich um Werte $\varphi \leq 0{,}05$, so wird man mit einer Verdampfungsstufe auskommen. Einen wesentlichen Einfluß hat die mittlere Verweilzeit der Kühlstufe $\bar{\tau}$. Die letzte Kühlstufe, im Beispiel die dritte, nimmt eine besondere Stellung ein. Im Anschluß an diese Stufe, noch vor der Abtrennung des Kristallisates aus der Lösung, ist das Kältemittel möglichst restlos aus der Lösung zu entfernen. Das bedeutet eine Auf-

teilung in zwei und mehr Verdampfungsstufen. Erst danach schließt sich die Desorption an, die im folgenden Abschnitt 4.2. näher behandelt wird. Verbleibende Kältemittelreste würden die Wirtschaftlichkeit des Kühlverfahrens erheblich beeinträchtigen.

Es sei an dieser Stelle betont, daß der hier diskutierte Kältemittelüberschuß nicht unmittelbar mit den schwer verdampfbaren Kältemittelresten des Abschnittes 3.2.2. vergleichbar ist. Ersterer kann in Abhängigkeit von der mittleren Verweilzeit t relativ hohe Werte annehmen, die Kältemittelreste sind nach längeren und unterschiedlichen Verweilzeiten und unter wesentlich höheren Triebkräften, d. h. nach einer Entspannung auf Umgebungsdruck und T_S = -30 °C ermittelt worden.

4.2. Rückgewinnung des Kältemittels

Die Ökonomie eines solchen Kühlverfahrens läßt nach KOHLER und SCHMOK [8] einen Wert von $5 \cdot 10^{-6}$ kg R12/kg Lösung nicht überschreiten. Diese Angabe resultiert lediglich aus dem Preis des Kältemittels. Würde Propan verwendet, das etwa ein Zehntel kostet, dann würde die Brennbarkeit und Explosionsgefahr einen geringsten Kältemittelverlust gebieten.
Die Ergebnisse der Kältemittelrestgehaltanalyse nach Entspannung auf Umgebungsdruck im Abschnitt 3.2. liegen um ein Vielfaches über dem anzustrebenden Wert.
Die technische Lösung kann nach den vorliegenden Erkenntnissen über eine Desorption führen. Sie wird nach NAGASHIMA und YAMASAKI [1] in einer Pilotanlage realisiert und von LIN u. a. [59] für R22 und Butan näher untersucht. Danach ist die bevorzugte Variante die Desorption durch Druckabsenkung und darunter wiederum das Versprühen der Flüssigkeit. Der Stoffübergangswiderstand in der Flüssigkeit ist dominierend.
LIN u. a. [59] geben für die Anzahl der Übertragungseinheiten N_{Fl} an

$$\ln \frac{c_1 - c_s}{c_0 - c_s} = N_{Fl} = 2{,}4 \cdot 10^{-3} \, We^{0{,}2} \left(986 + \frac{z}{d}\right) \tag{57}$$

mit der Weber-Zahl

$$We = \rho_D \, w_l^2 \, \frac{d}{\sigma} \tag{58}$$

Darin ist w_l die Geschwindigkeit im Austrittsquerschnitt der Ringdüse mit der Weite d. Auf den ersten Zentimetern der Strahllänge z, solange der Strahl noch nicht zerfällt, wird schon $N_{Fl} \approx 2$ realisiert. Die Tropfen sind, auf die Strahllänge bezogen, weniger effektiv. In der technischen Umsetzung können die mitgeführten Kristalle in den Entspannungsdüsen Schwierigkeiten bereiten, besonders wenn es sich um kleine Anlagen mit geringen Durchsätzen handelt. Die Düsen können leicht verstopfen.

Die mehrfach erwähnten schwer verdampfbaren Kältemitteltröpfchen tragen am stärksten zu den Verlusten bei. Sie müssen, falls sie nicht schon bei der Vakuumdesorption verdampfen, in der Flüssigkeit gelöst werden. Dieses physikalische Lösen kann jedoch erst mit der Desorption eintreten. Vorher ist die Flüssigkeit an Kältemittel gesättigt, und es ist keine Triebkraft hierfür vorhanden. Der Lösevoregang kleinster Partikeln läuft nach BRAUER [60] mit der Intensität β_{Fl} in

$$Sh = \frac{\beta_{Fl} d_T}{D} = 2 \qquad (59)$$

ab. Die sich ändernden Größen Tropfenabmessung d_T, Stoffübergangskoeffizient β_{Fl} und Triebkraft Δc ergeben eine Differentialgleichung, die unter vereinfachenden Annahmen gelöst werden kann. Vom Autor ist hierfür ein Vorschlag in [61] enthalten. Dieser Lösungsvorgang beansprucht eine endliche Zeit, die Aufrechterhaltung der Triebkraft und damit ein bestimmtes Apparatevolumen.
Eine Absenkung des Desorptionsdruckes bis auf den Siededruck der Flüssigkeit führt zu einer weiteren Erhöhung der Triebkraft. Der Volumenanteil des Wasserdampfs nimmt zu, der Kältemittelpartialdruck entsprechend ab. Das Dampfgemisch aus der Desorption ist einer Teilkondensation des Wasserdampfes zu unterziehen. Danach ist der R12-Dampf zu verdichten, aus dem verbleibenden Inertgas-R12-Dampf-Gemisch das Kältemittel zu kondensieren und in den Prozeß zurückzuführen.

4.3. Offene Probleme und weiterführende Arbeiten

Die mit dieser Arbeit geschaffene Grundlage der Modellierung des Wärmeüberganges kann noch nicht sicher in eine großtechnische Ausführung übertragen werden. Die grundlegenden Tendenzen sind angegeben. Eine kleintechnische Versuchsanlage verringert das Risiko der Maßstabsübertragung aus dem Laborversuch bedeutend. Die kleintechnische Versuchsanlage sollte wie in der Etappe der technologisch orientierten Versuche kontinuierlich betrieben werden. Sie ist weiterhin die Grundlage für Überlegungen zur appartativen Gestaltung des mehrstufigen Rührmaschinenverdampfers.
Von gleicher Bedeutung ist die Technologie der Kältemittelrückführung. Die direkte Bindung der aus einer Rührstufe ausgetragenen flüssigen Kältemittelmasse an den Wärmeübergang ergibt ebenfalls einen Einfluß auf die Verdampferkonzeption. Die sich anschließende Desorption erfordert in den kleintechnischen Versuchen besonders Aufmerksamkeit, da noch keine Laborversuchsergebnisse vorliegen.
Eine wichtige Aufgabe in diesem Zusammenhang ist die Entwicklung einer Betriebsmeßmethode für die Kältemittelrestgehalte in der Lösung am Austritt aus der Desorption. Die thermische Desorption, wie sie der Verfasser angewendet hat, ist hierfür zu träge.

HERHOLZ [62] beschreibt eine empfindliche Meßmethode zum Nachweis geringer Anteile von R12 in einem Trägergas durch Messen des elektrischen Stromes in einem Hochspannungsfeld. Zur Anwendung dieser Meßmethode wäre ein geringer Lösungsstrom mit einem Inertgas in einer genügend langen Säule zu strippen und der R12-Gehalt zu bestimmen.
Mit den Ergebnissen aus den kleintechnischen Versuchen wird eine erste ökonomische Einschätzung des Kühlverfahrens möglich. Für eine konkrete technologische Aufgabe werden die Antriebsenergie der Verdichter, die Kosten für die Kältemittelrückführung, der Aufwand für den Kältemittelverlust und der apparative Aufwand quantifizierbar.
Zur Interpretation der Zusammenhänge sind aus der Literatur bekannte Mikroprozesse herangezogen worden, ohne diese Mikroprozesse in den Versuchen einzeln überprüft zu haben. Die Phänomene Initiieren von heterogener Keimbildung in der Nähe einer entstandenen Blase und Mitreißen von flüssigem Kältemittel in die darüber geschichtete Flüssigkeit sind lediglich aus den Ergebnissen gefolgert. Daher ist es beim weiteren Fortgang der Arbeiten lohnend, mit zum Beispiel fotografischer Technik solche Einzelvorgänge zu untersuchen. Es ist ein Erkenntnisgewinn für die mechanischen Mikroprozesse zu erwarten.

5. Zusammenfassung

Es wird das Sieden eines spezifisch schweren Kältemittels im direkten Kontakt mit einer spezifisch leichteren, nicht löslichen Flüssigkeit in einem gerührten Volumen untersucht. Die Auswahl des Kältemittels erfolgte vordergründig aus der Sicht der technischen Sicherheit. Die meisten der getroffenen Aussagen können auf andere, ökologisch weniger anfechtbare, aber in Wasser und wässrigen Lösungen ebenfalls nicht lösliche Kältemittel übertragen und angepaßt werden.
Als wärmeabgebende Flüssigkeit werden Wasser und zwei wässrige Lösungen verwendet. Die Lösungen enthalten $MgCl_2$ im ersten Fall, Lösung 1, in einer Ionenstärke von $I_c=1$ $kmol/m^3$ und im zweiten Fall, Lösung 2, daneben NaCl und KCl in einer solchen Konzentration, daß die Zähigkeit der Lösung etwa das Dreifache der Zähigkeit des Wassers beträgt.
Der dominierende Vorgang ist eindeutig die Phasenbildung: Heterogene Keimbildung und Heterokoagulation von Kältemitteltröpfchen mit Blasen. Der Charakter der heterogenen Keimbildung kann nicht näher beschrieben werden.
Neben der Art der Flüssigkeit sind die entscheidenden Einflußgrößen die treibende Temperaturdifferenz aus Flüssigkeitstemperatur und Siedetemperatur des Kältemittels und der mechanische Energieeintrag durch den Rührer.

Es überlagern sich die Vorgänge:
- Heterogene Keimbildung an "aktiven Zentren"
- Beeinträchtigung der heterogenen Keimbildung im dispergierten Kältemittel, da nicht alleTröpfchen aktive Zentren enthalten können,
- Initiierung heterogener Keimbildung in der Umgebung einer entstehenden Blase (Hypothese),
- Unterdrückung dieser Initiierung in Tröpfchen durch die Begrenzung der Masse,
- Koagulation von Kältemitteltröpfchen und Blasen,
- Behinderung der Koagulation durch die Wirkung elektrischer Doppelschichten in Elektrolytlösungen geringer Konzentration und
- Verhinderung der Koagulation in zähen Elektrolytlösungen.

Der Wärmestrom als Ergebnis der Untersuchungen wird in Anlehnung an die Keimbildungshäufigkeit ebenfalls auf das flüssige Kältemittelvolumen bezogen. Er wird mit einer Zustandskorrektur nach COOPER versehen.

Anhand der Meßergebnisse und nach einer entsprechenden Auswertung werden die in den unterschiedlichen Flüssigkeiten und bei variiertem Leistungseintrag vorherrschenden Mikroprozesse angegeben.

- Ohne Leistungseintrag wird die Phasengrenzfläche beider Flüssigkeiten bewegt und von Blasen durchstoßen. Mit zunehmender Intensität werden Kältemitteltröpfchen mitgerissen. In Wasser können diese Tröpfchen nach einer Koagulation mit Blasen sofort verdampfen, $\dot{q}/P' \sim \Delta T^{5,4}$. In den Lösungen entfällt dieser Intensitätsgewinn durch Koagulationsbehinderung, $\dot{q}/P' \sim \Delta T^{3,4}$. Der Siedebeginn ist für alle drei Fälle $\Delta T_{min} \approx 4{,}5\ °C$ bei gleichem $\dot{q}/P'$.
- Mit einem Leistungseintrag ε und im Kontakt mit Wasser geht eine Koagulation von Kältemitteltröpfchen vonstatten. Mit zunehmendem ε geht der Einfluß der Triebkraft ΔT auf den spezifischen Wärmestrom zurück. Die Verdampfung kann bei wesentlich geringeren Triebkräften von $\Delta T > 1\ K$ und mit mehrfach höherer Intensität ablaufen.
- Mit Leistungseintrag und im Kontakt mit der koagulationsbehinderten Lösung 1 findet Koagulation erst bei einem Wert ab $\varepsilon \geq 0{,}05\ W/kg$ statt. Die Koagulationsrate ist geringer, die insgesamt geringere Intensität ist ein Beleg dafür.
- In der zäheren Lösung 2 ist eine Koagulation ausgeschlossen. Wird der Zustand vollständiger Dispergierung des flüssigen Kältemittels erreicht, so wird $\dot{q}/P' \sim \Delta T^{1,16}$. Im dispergierten Zustand verbleibt einerseits ein Anteil der Tröpfchen ohne "aktives Zentrum" und andererseits entfällt das Initiieren weiterer heterogener Keimbildung in der Umgebung einer neuen Blase. Wird der Leistungseintrag gesteigert, so nimmt der spezifische Wärmestrom bei konstanter Triebkraft ΔT ab. Die Tropfen und damit der verdampfbare Flüssigkeitsvorrat pro "aktives Zentrum" werden kleiner. Dieser Effekt ist bei Wasser und Lösung 1 auch vorhanden, wird jedoch von der Koagulation überdeckt.

Die Verdampfungsvorgänge werden mit Gleichungen $\dot{q}/P' = f(\Delta T, \bar{\epsilon})$ beschrieben, deren Koeffizienten und Exponenten mit einem Verfahren der nichtlinearen Mehrfachregression ermittelt werden. Es wird angegeben, wie man mit diesen Gleichungen den Wärmestrom in einem Verdampfer des gegebenen Typs berechnet.

Mit dem Wärmestrom im Verdampfer ist ein bestimmter Anteil flüssiges Kältemittel, das aus dem Verdampfer ausgetragen wird, gegeben. Dieser Anteil ist von der kristallisationskinetisch festgelegten mittleren Verweilzeit der zu kühlenden Lösung abhängig.

Daneben gibt es geringe Anteile schwer verdampfbares Kältemittel aufgrund der mangelnden Anzahl "aktiver Zentren" im dispergierten Zustand des flüssigen Kältemittels. Diese Tröpfchen sind auch durch Entspannen nur schwer verdampfbar und müssen durch Auflösen und Desorption entfernt werden.

Für das Blasensieden können allgemeine Erkenntnisse abgehoben werden:
Das Blasensieden an technischen Flächen findet häufig an dampferfüllten Mikroporen statt und erfordert keine Triebkräfte für die Keimbildung. Die Blasenproduktivität der Mikroporen ist nach THORMÄHLEN [18] an eine Temperaturdifferenz gebunden, die nicht viel geringer als die für den Einsatz der heterogenen Keimbildung ohne feste Heizfläche ist, ausgenommen gezielt poröse Oberflächen. Deshalb wird der Vorgang der Initiierung heterogener Keimbildung in der Umgebung einer entstehenden Blase stattfinden. Die Abhängigkeit $\dot{q} \sim \Delta T^{3 \ldots 4}$ weist darauf hin. Demnach ist das Blasensieden im Regelfall eine Überlagerung von Blasenbildung infolge Initiierung durch erstere. Den Hauptanteil des Wärmestromes erbringt nach den gewonnenen Erkenntnissen die initiierte heterogene Keimbildung. Diese Feststellung wird durch die weiter oben getroffene Aussage gestützt, daß eine Unterdrückung der Initiierung durch Vereinzeln des Kältemittels in Form von Tröpfchen ebenfalls zur Abhängigkeit $\dot{q} \sim \Delta T^{1,16}$ führt.

Die Modellierung des Blasensiedens unter Nutzung dimensionsloser Kennzahlen des Blasenwachstums wie Jacobzahl oder Blasenablösedurchmesser ist in Anbetracht des dominierenden Einflusses der heterogenen Keimbildung abzulehnen.

Die Gleichung (10) von COOPER ist den Gleichungen (6) und (12) für die heterogene Keimbildung insofern verwandt, als sie den "Abstand" zum kritischen Punkt in stark vereinfachter Form wiedergibt. Die von GUNGOR und WINTERTON [43] durchgeführte Überprüfung dieser Gleichung zeigt, daß eine Modellierung mit dimensionslosen Kennzahlen keine Vorteile ergibt.

Die Gleichungen (35) und (38) zur Modellierung des Wärmeüberganges beim Sieden erlauben die Berechnung von Verdampferapparaten mit Einschränkungen in der Übertragbarkeit auf größere Maßstäbe. Die nächstgrößere Versuchsanlage sollte ein Verhältnis von Makro- zu Mikromaßstab der Turbulenz von $\Lambda/l_D \geq 200$ aufweisen, um diese Einschränkung zu überwinden.

Das wandlose Sieden des Kältemittels ist an das Vorhandensein eines Anteiles flüssigen

Kältemittels gebunden, dieser Anteil wird aus der im Idealfall homogen durchmischten Rührstufe ausgetragen. Zur Vermeidung von ökonomisch untragbaren Kältemittelverlusten ist der Austrag durch Nachverdampfen zu verringern, und flüssige Kältemittelreste sind durch eine spezielle Desorption in den Prozeß zurückzuführen. In den Versuchen wurde das heute indiskutable Kältemittel R12 aus Sicherheitsgründen verwendet. Die meisten Aussagen dürften auch auf andere, die Ozonschicht der Stratosphäre nicht beeinträchtigende Kältemittel übertragbar sein.

Zu den ungelösten Problemen gehören die ausstehende praktische Erprobung in größeren Maßstäben, die eingehendere Untersuchung der Kältemittelrückführung bzw. der Vermeidung von Kältemittelverlusten, die Überprüfung einzelner zur Zeit noch hypothetischer Aussagen zu Mikroprozessen beim Verdampfen und schließlich eine umfassendere technisch-ökonomische Bewertung des am Anfang der Entwicklung befindlichen Kühlverfahrens.

Kurzfassung

Es wird ein spezieller Siedevorgang eines in Wasser oder in einer Lösung dispergierten Kältemittels experimentell untersucht. Es ist notwendig, den theoretischen Ansatz der heterogenen Keimbildung beim Sieden zu erweitern, weil mit den bisherigen Vorstellungen die experimentellen Ergebnisse nicht erklärbar sind.

Im vorliegenden Fall des Siedens ist die heterogene Keimbildung der bestimmende Vorgang, und der Wärmeübergang am siedenden Tropfen ist ohne Bedeutung. Darüber hinaus wird dieser Siedevorgang von der Koagulation von Tropfen und Blasen des Kältemittels wesentlich beeinflußt.

Die Kenntnis dieses speziellen Siedevorganges eines dispergierten Kältemittels kann für die Kühlung von Lösungen oder für die Sekundärenergienutzung von Interesse sein.

Summary

Boiling of dispersed refrigerants

A specific boiling process of a refrigerant dispersed in water or other solutions is explored. It is necessary to extend the theoretical statement of the heterogenous nucleation during boiling because the experimental results cannot be explained by the former conceptions.

In this case of boiling, heterogenous nucleation is the determining step and the heat transfer to the boiling drop is insignificant. In addition to that, the coagulation of drops and bubbles of the boiling refrigerant is a decisive influence factor.

The knowledge of this special boiling process of a dispersed refrigerant may be of interest for the utilisation of secondary energy or the cooling of solutions.

Verzeichnis der Symbole und Formelzeichen

A	-	Konstante, Koeffizient, Parameter
A	m^2	Fläche
a	-	Exponent
a	m^2/s	Temperaturleitfähigkeit
B	-	Koeffizient, Parameter
b	-	Exponent
b	-	druckabhängige Größe, $b = 1 - p/p_s$
C	-	Beiwert
C	J/K	Wärmekapazität, Wasserwert
C	-	Konstante, Koeffizient, Parameter
c	-	Exponent
c	J/kgK	spezifische Wärmekapazität
c	kg/m^3	Konzentration
D	m	Durchmesser
D	m^2/s	Diffusionskoeffizient
d	M	Durchmesser, Abmessung, Länge
d	-	Exponent
e	m	Exzentrizität
F	-	Anpassungsfunktion, Gl. (14)
f	-	Korrekturfaktor
f	s^{-1}	Frequenz
g	m/s^2	Schwerebeschleunigung
H	m	Höhe
h	J/kg	Enthalpie
I_c	$kmol/m^3$	Ionenstärke
J	$m^{-3}s^{-1}$	Keimbildungshäufigkeit
Ja	-	Jacob-Zahl, Gl. (19)
K	-	Konstante
k	J/K	Boltzmann-Konstante
l_D	m	Kolmogorov-Maßstab
M	kg/kmol	Molmasse
m	kg	Masse
$\dot{m}$	kg/s	Massenstrom

N	-	Anzahl der Übertragungseinheiten
N_1	m^{-3}	Moleküldichte
Nu	-	Nußelt-Zahl
n	s^{-1}	Drehzahl
n	-	Anzahl
p'	-	Korrekturfunktion, druckabhängige
Pr	-	Prandtl-Zahl
p	Pa	Druck
p	-	Exponent
$\dot{Q}$	W	Wärmestrom
$\dot{q}_{BS}$	W/m^2	Wärmestromdichte beim Blasensieden
$\dot{q}$	W/m^3	Wärmestrom, auf das Volumen flüss. KM bezogen
R	J/kg k	Gaskonstante
Re	-	Reynolds-Zahl
r	-	Korrelationskoeffizient
r	m	Radius
S	-	Stoffwertekombination, Gln. (7) und (8)
Sh	-	Sherwood-Zahl
s	-	Streuung
T	K, °C	Temperatur
t	s	Zeit
t	-	Testfunktion
V	m^3	Volumen
$\dot{V}$	m^3/s	Volumenstrom
v	m^3/kg	spezifisches Volumen
W	-	Wahrscheinlichkeit
We	-	Weber-Zahl
w	m/s	Geschwindigkeit
x	-	Parameter
y	-	allgemein für Wert einer Funktion
z	m	Strahllänge
α	$W/m^2\ K$	Wärmeübergangskoeffizient
β	m/s	Stoffübergangskoeffizient
ε	W/kg	Energiedissipation
η	Pa s	dynamische Zähigkeit
Λ	m	Makromaßstab der Turbulenz
λ	W/m K	Wärmeleitfähigkeit
ν	m^2/s	kinematische Zähigkeit

Π	-	reduzierter Druck, $\Pi = p/p_K$
ρ	kg/m³	Dichte
σ	N/m	Grenzflächenenergie
φ	-	Volumenanteil (Dampf), Massenanteil (Flüssigkeit)

Indizes:

A	Ablöse- (Durchmesser von Blasen)
B	Blase
c	kontinuierliche Phase
D	disperse Phase; Dampf
EX	Experimentell
F	Fluktuation; Feststoff
Fl	flüssig
het	heterogen
K	kritisch; Koaleszenz
KG	Koagulation
KM	Kältemittel
L	Lösung
M	Molekel
max	maximal erreichbar (Flüssigkeitstemperatur)
P	Leistungs-(Beiwert), Partikel; Phasenwechsel
R	Rührer; Rühren
RE	rechnerisch
S	Stoß; Siede-, Suspendier-(Beiwert)
s	Sättigung
T	Tropfen
v	Verdampfung
W	Wand, Apparatur (Wasserwert)
Δ	Differenz
*	Gleichgewicht
+	ein Zeitschritt voraus
-	ein Zeitschritt zurück
'	Beginn eines Vorganges; flüssig siedend
"	Ende eines Vorganges; Sattdampf
0	Anfangswert; auf die tiefste Temperatur bezogen
1...n	laufender Index von Konstanten, Parametern
1	aktueller Wert; innen (Behälterdurchmesser)
2	Rührer-(Durchmesser)

2m Rührer-Boden-(Abstand)
32 Sauter-(Durchmesser)
1.SK. 1. Siedekrisis
‾   Mittelwert

Literaturverzeichnis

[1] NAGASHIMA, Y., YAMASAKI, T.: The results of direct contact cooling in a crystallizer for a caustic soda purification process. American Institute of Chemical Engineering Symposium Series, 75(1979)189 - 2. 250-255

[2] SCHMOK, K.: Kühlverfahren mit direktem Wärmetausch für gesättigte Salzlösungen. Dissertation, Technische Universität Dresden 1967

[3] CASPER, C.: Untersuchungen zur Kühlkristallisation mit direktem Wärmeaustausch. Chemie-Ingenieur-Technik, MS 889/81

[4] STEPHAN, K., STOPKA, K.-D.: Wärmeübergang in rohrlosen Verdampfern. Chemie-Ingenieur-Technik, MS 939/81

[5] MELZER, L. S.: Einige neuere Aspekte der Erzeugung und Anwendung der technisch erzeugten Kälte. Luft- und Kältetechnilk, (1970) 4, S. 174-178

[6] SMIRNOV, L. F.: Sposob predotvrastschenija unosa agenta. Patent SU766612, B 01 D9/00, 1980

[7] JOHNSON, R. A., GIBSON, W. E., LIBBY, D. R.: Performance of liquid-liquid cyclones. Industrial Engineering Chemistry, Fundamentals, 15(1967)2, S. 110-115

[8] KOHLER, W., SCHMOK, K.: Über die direkte Kühlung von Salzlösungen mit einem Kältemaschinenprozeß. Freiberger Forschungshefte, (1983) A678, A. 98-109

[9] DÖRING, G., WEISSENBORN, K., DEGNER, J., TIMAEUS, E.: Technologische Aspekte der Kühlung von Salzlösungen im Kaliverarbeitungsprozeß. Freiberger Forschungshefte, (1984) A6990, S. 128-143

[10] GRÜSCHOW, A., LIEBMANN, G.: Laboruntersuchungen zum Sättigungsabbau bei der Kühlung von Lösungen der Kalirohsalzverarbeitung. Freiberger Forschungshefte, (1983)

[11] GRÜSCHOW, A., LIEBMANN, G.: Untersuchungen zum Übersättigungsabbau bei der Kühlungskristallisation von Lösungen der Kalirohsalzverarbeitung. Berg- und Hüttenmännischer Tag 1987, Freiberg, Vortrag Nr. 13.6

[12] GEORGI, H., WINTER, B.: Erkenntnisfortschritte und Probleme auf dem Gebiet der Massenkristallisation. Freiberger Forschungshefte, (1986) A726, S. 4-19

[13] JACOBS, H. R., PLASS, S. B., HANSEN, A. C., GREGORY, R.: Operational limitations of direct contact boilers for geothermal applications. The American Society of Mechanical Engineers, Paper Nr. 77-HT-5, 1977

[14] KAST, W.: Bedeutung der Keimbildung und der instationären Wärmeübertragung bei Blasenverdampfung und Tropfenkondensation. Chemie-Ingenieur-Technik, 36(1964)9, S. 933-940
[15] COLE, R.: Boiling nucleation. Advances in Heat Transfer, 10(1974), S. 85-166
[16] TOLUBINSKIJ, V. I.: Teploobmen pri kipenii, Kiev: Naukova dumka, 1980
[17] KUTEPOV, A. M., STERMAN, L. S., STJUSHIN, N. G.: Gidrodinamika i teploobmen pri paroobrazovanii, Moskau: Vysshaja shkola, 1986
[18] THORMÄHLEN, I.: Grenze der Überhitzbarkeit von Flüssigkeiten. Keimbildung und Keimaktivierung. Fortschritt-Berichte VDI, Düsseldorf (1985) 104
[19] GRADON, L., SELECKI, A.: Evaporation of a liquid drop immersed in another liquid. The case of $\sigma_c < \sigma_d$. International Journal of Heat and Mass Transfer, 20(1977), S. 459-466
[20] LANDAU, L. D., LIFSCHITZ, E.: Lehrbuch der theoretischen Physik, Bd. 5 Statische Physik, Berlin: Akademieverlag, 1971
[21] SINICYN, E. N.: Approksimacija temperatury dostizhimogo peregreva zhidkostej. In Teplofizicheskie issledovanija peregretykh zhidkostej, Sverdlovsk: Akademija Nauk SSSR, Uralskij nauchnyj centr, 1981
[22] PAWLOV, P. A., SINICYN, E. N., SKRIPOV, V. P.: Aktivacionnoe vskipanie zhidkostej pri vysokikh peregrevakh, Lehrseminar über Prozesse des Wärme- und Stoffaustausches bei Phasenwechsel und in Zweiphasenströmungen, 1985, Minsk BSSR, Vortragsmanuskripte, S. 16-25
[23] SKRIPOV, V. P.: Metastabil'naja shidkost, Moskau: Nauka, 1972
[24] SUDHOFF, B., PLISCHKE, M. WEINSPACH, P.-M.: Zum direkten Wärmeübergang bei der Kondensation oder Verdampfung eines Blapfens. Chemie-Ingenieur-Technik, MS 909/81
[25] JUNGNICKEL, H., AGSTEN, R., KRAUS, W. E.: Grundlagen der Kältetechnik, Berlin: Verlag Technik, 1980
[26] D'ANS, LAX: Taschenbuch für Chemiker und Physiker, Berlin, Heidelberg, New York: Springer Verlag, 1967
[27] SIDEMAN, S., TAITEL, Y.: Direct contact heat transfer with change of phase. Evaporation of drops in an immiscible medium. International Journal of Heat an Mass Transfer, 7(1964), S. 1273-1289
[28] GROSSMANN, H.: Betriebszustände in Rührwerken beim Dispergieren nicht mischbarer Flüssigkeiten, Dissertation, Technische Universität München, 1982
[29] TANAKA, M.: Local droplet diameter variation in a stirred tank. The Canadian Journal of Chemical Engineering, 33(1985)10, S. 723-727
[30] LIEPE, F.: Verfahrenstechnische Berechnungsmethoden Teil 4/2. Stoffvereinigen in flüssigen Phasen, Leipzig: Deutscher Verlag für Grundstoffindustrie, 1979

[31] SCHUBERT, H. (federführender Autor): Mechanische Verfahrenstechnik, Leipzig: Deutscher Verlag für Grundstoffindustrie, 1986
[32] MEUSEL, W.: Einfluß der Partikelkoaleszenz auf den Stoffübergang in turbulenten Gas-Flüssigkeits-Systemen, Dissertation, Ingenieurhochschule Köthen 1980
[33] CHEN, Jing-Den, HAHN, P. S., SLATTERY, J. C.: Coalescence time for a small drop or bubble at a fluid-fluid interface. American Institute of Chemical Engineering Journal, 30(1984)4, S. 622-630
[34] ABRAHAMSON, J.: Collision rates of small particles in a rigorously turbulent flow. Chemical Engineering Science, 30(1975), S. 1371-1379
[35] HIGASHIKAMI, K., YAMAUCHI, K., MATSUNO, Y., HOSOKAWA, G.: Turbulent coagulation of particles dispersed in a viscous fluid. Journal of Chemical Engineering of Japan, 16(1983)4, S. 299-304
[36] COULALOGLOU, C. A., TAVLARIDES, L. L.: Description of interaction process in agitated liquid-liquid dispersions. Chemical Engineering Science, 32(1977), S. 1289-1297
[37] DAS, P. K., KUMAR, R., RAMAKRISHNA, D.: Coalescence of drops in stirred dispersions. A white noise model for coalescence. Chemical Engineering Science, 42(1987)2, S. 213-220
[38] SCHULZE, H. J., GOTTSCHALK, G.: Experimentelle Untersuchungen der hydrodynamischen Wechselwirkungen von Partikeln mit einer Gasblase. Aufbereitungstechnik, 5(1981)5, S. 254-264
[39] KRALJ, F., SINCIC, D.: Hold-up and mass transfer in a two- and three-phase stirred tank reaktor. Chemical Engineering Science, 39(1984)3, S. 604-607
[40] NUKIJAMA, S.: Maximum and minimum values of heat transmission from metal to boililng water under atmospheric pressure. International Journal of Heat and Mass Transfer, 9(1966)12, S. 1419-1433
[41] FUHRMANN, H., GÜSEWELL, M. und andere: Verfahrenstechnische Berechnungsmethoden Teil 1. Wärmeübertrager, Apparate und ihre Berechnung, Leipzig: Deutscher Verlag für Grundstoffindustrie, 1980
[42] MASCHECK, H.-J.: Grundlagen der Wärme- und Stoffübertragung, Leipzig: Deutscher Verlag für Grundstoffindustrie, 1979
[43] GUNGOR, K. E., WINTERTON, R. H. S.: A general correlation for flow boiling in tubes an annuli. International Journal of Heat and Mass Transfer, 29(1986)3, S. 351-358
[44] RAINA, G. K., WANCHOO, R. K.: Direct contact heat transfer with phase change. Bubble growth and collapse. The Canadian Journal of Chemical Engineering, 64(1986)6, S. 393-398

[45] BATTYA, P., RAGHAVAN, V. R., SEETHARAMU, K. N.: Parametric studies on direct contact evaporation of a drop in an immiscible liquid. International Journal of Heat and Mass Transfer, 27(1984)2, S. 263-272
[46] FORTUNA, G., SIDEMAN, S.: Direct contact heat transfer between immiscible liquid layers with simultaneous boiling and stirring. Chemical Engineering Science, 23(1968), S. 1105-1119
[47] BEER, H., RANNENBERG, M.: Einige Besonderheiten technischer Siedevorgänge. Verfahrenstechnik, 11(1977)10, S. 614-619
[49] KRUSHILIN, G. N.: Obobschenie eksperimental'nykh dannykh po teplootdache pri kipenii zhidkostej v uslovijakh svobodnoj konvekcii. Izvestija AN SSSR, OTN, (1948)7, S. 967-986
[50] LABUNCOV, D. A.: Obobstchenie zavisimosti dlja teplootdacha pri puzyrkovom kipenii zhidkostej. Teploenergetika, (1960)7, S. 76-80
[51] KUTATELADZE, S. S., BORISHANSKIJ, V. M.: Spravochnik po teploperedache, Leningrad Moskau: Gosenergoizdat, 1959
[52] WESTMEIER, S. (Federführung): Verfahrenstechnische Berechnungsmethoden Teil 7. Stoffwerte, Leipzig: VEB Deutscher Verlag für Grundstoffindustrie, 1981
[53] STORM, R.: Wahrscheinlichkeitsrechnung, mathematische Statistik und statistische Qualitätskontrolle, Leipzig: VEB Fachbuchverlag, 1986
[54] HAHN, T.: Löslichkeit in Wasser und wässrigen Lösungen und Gashydratbildung von Kältemitteln, Diplomarbeit, Bergakademie Freiberg, Sektion VST 1980
[55] PLANK, R.: Handbuch der Kältetechnik, Band III: Verfahren der Kälteerzeugung und Grundlagen der Wärmeübertragung, Berlin, Göttingen, Heidelberg: Springer Verlag, 1959
[56] HIKITA, H., KONISHI, Y.: Desorption of carbon dioxide from supersaturated water in an agitated vessel. American Institute of Chemical Engineering Journal, 30(1984)6, S. 945-951
[57] HIKITA, H., KONISHI, Y.: Desorption of carbon dioxide from aqueous electrolyte solutions supersaturated with carbon dioxide in an agitated vessel. American Institute of Chemical Engineering Journal, 31(1985)4, S. 697-699
[58] SCHMOK, K., KOHLER, W., GEORGI, H.: Verfahren zur Kühlung von Lösungen kristallisierender Stoffe. Wirtschaftspatent WP F28C/2362411, 1984
[59] LIN, W., RICE, Ph. A., CHENG, Y., BARDUHN, A. J.: Vacuum stripping of refrigerants in water sprays. American Institute of Chemical Engineering Journal, 23(1977)4, S. 409-415
[60] BRAUER, H.: Stoffaustausch einschließlich chemischer Reaktionen, Aarau, Frankfurt/M.: Verlag Sauerländer AG, 1971

[61] KOHLER, W.: Grundlagen der thermischen Verfahrenstechnik für Silikattechniker, 2. Lehrbrief, Dresden: Lehrbriefe für das Hochschulfernstudium (in Vorbereitung 2. Auflage, 1988)

[62] HERHOLZ, A.: Untersuchung des Strömungsfeldes in Schüttungen mit Hilfe von Verweilzeitmessungen, Dissertation A, Bergakademie Freiberg 1982

[63] KOHLER, W.: Arbeitsbericht zur rechnerischen Auswertung der Versuche zum wandlosen Sieden von R12 (unveröffentlicht), Bergakademie Freiberg, Sektion VST, WB Thermische Verfahrenstechnik 1987

Freiberger Forschungsheft

A 826 Grundstoff - Verfahrenstechnik
Brennstofftechnik

Wissenschaftliche und technologische Grundlagen bei der Herstellung und dem Einsatz von Kohlenstoffwerkstoffen

1992. 180 Seiten, 83 Abbildungen, 39 Tabellen, 14,5 x 21,5 cm, kartoniert DM 148,-
ISBN 3-342-00576-9
ISSN 0071-9390

Das vorliegende Freiberger Forschungsheft beinhaltet Erkenntnisse der Grundlagenforschung und neuerer technologischer Entwicklungen, vor allem sind Probleme bei der Herstellung und Qualitätsbewertung von Graphitelektroden enthalten. Die in diesem Heft publizierten Beiträge geben einen weiten Einblick in die Aufgaben der Prozeßentwicklung und -einführung in modernen Produktionsstätten für Großkohleprodukte.

Inhaltsübersicht:
Theoretische Grundlagen der chemischen Technologie der Herstellung von Kohlenstofferzeugnissen · Abbranduntersuchungen an Rohstoffen aus der Elektrodenindustrie · Graphitelektroden - Design und Produktion · Verwendung von Braunkohlenpechkoks "Rositz I" zur Herstellung von Graphiterzeugnissen · Zur Produktion von Graphitelektroden und deren Verbrauch in Elektrolichtbogenöfen

Preisänderung vorbehalten

Freiberger Forschungsheft

A 821 Grundstoff - Verfahrenstechnik
Brennstofftechnik

Thermisch-chemische Veredlung von Braun- und Steinkohlen sowie von Abprodukten

Redaktionelle Leitung: Prof. Dr.-Ing. E. KLOSE, Freiberg

1992. 146 Seiten, 53 Abbildungen, 6 Tabellen, 14,5 x 21,5 cm, kartoniert DM 125,-
ISBN 3-342-00571-8
ISSN 0071-9390

Dieses Freiberger Forschungsheft enthält sowohl Ergebnisse von Model-lierungsrechnungen als auch von neuen technologischen Entwicklungen auf den Gebieten Verkokung, Hydrierung, Herstellung und Verwendung von Adsorbentien sowie Steinkohlenkokscharakterisierung und Lignit-verwertung.

Inhaltsübersicht: Modellierung der katalytischen Kohlehydrierung im Blasensäulenreaktor · Die Kokskammer als diskontinuierlicher Gas - Feststoff - Reaktor · Untersuchungen zum SO_2-Aufnahmevermögen von Braunkohle unterschiedlichen Wassergehaltes · Beeinflussung der Gasgeschwindigkeitsverteilung durch die Art der Gaszufuhr in technischen Schüttungen aus Holzhackgut und Holzkohle · Reaktionsfähigkeit und mechanische Eigenschaften des Kokses nach der Reaktion mit CO_2 · Möglichkeiten zur energotechnologischen Verwertung der Lignite aus dem Kohlevorkommen Mariza - Ost (Bulgarien)

Preisänderung vorbehalten